专利写作

从创意到变现

林外 著

人民邮电出版社
北京

图书在版编目（CIP）数据

专利写作 ： 从创意到变现 / 林外著. -- 北京 ： 人民邮电出版社, 2024.3
ISBN 978-7-115-62882-4

Ⅰ. ①专… Ⅱ. ①林… Ⅲ. ①专利文献－写作－中国
Ⅳ. ①G306.72

中国国家版本馆CIP数据核字(2023)第199079号

内 容 提 要

本书旨在帮助读者将创意转化为一份专利交底书，并通过讲解写作、沟通等各方面技巧，帮助读者提高专利发表成功率。本书分为 7 章，第 1 章和第 2 章介绍发明创造的意义和定义，从国家、企业、发明人 3 个角度介绍专利写作的重要性，并介绍 3 种专利的概念；第 3 章介绍如何看懂一个发明专利，包括请求书、说明书、说明书摘要、权利要求书等内容；第 4 章介绍如何产生可以写作专利的创意；第 5 章介绍专利的受理流程和授权条件；第 6 章讲解专利交底书的写作，通过专利交底书实战案例带领读者深入理解专利写作；第 7 章介绍如何构建自己的专利素材库，帮助读者提升专利发表能力。

本书适合从事科技创新工作的人员、科技创新研究人员和高校学生阅读与参考，尤其适合有科技专利写作需求的读者阅读。

◆ 著　　　林　外
　责任编辑　孙喆思
　责任印制　王　郁　马振武

◆ 人民邮电出版社出版发行　北京市丰台区成寿寺路 11 号
　邮编　100164　电子邮件　315@ptpress.com.cn
　网址　https://www.ptpress.com.cn
　北京九州迅驰传媒文化有限公司印刷

◆ 开本：720×960　1/16
　印张：15.5　　2024 年 3 月第 1 版
　字数：270 千字　　2025 年 7 月北京第 5 次印刷

定价：69.80 元

读者服务热线：(010)81055410　印装质量热线：(010)81055316
反盗版热线：(010)81055315

序

在 2022 年年底，我收到一条微信消息，来自人民邮电出版社的编辑孙喆思。她写道：

> 林老师您好，我是人民邮电出版社的编辑，在极客时间看到您的专利写作专栏，其中“撰写专利，将会是技术型知识工作者最核心的产出”这句话很触动我，让自己的工作成果可留存是一件非常提升个人工作成就感和社会价值的事。不知您是否有兴趣将专利写作方法和实践进一步沉淀，系统性整理成书？这样可以让您的内容留存更久，影响更多的人呢！

收到这条消息的时候，我刚好在桂林旅居。其实，最近 3 年一直有不同出版社的编辑找到我，想要我出书。但是，每一次需求都不能完全相符，要么我忙于工作，没有时间撰写；要么编辑喜欢的话题，并不是我所感兴趣的。而这条消息，特别打动我的心，也点燃了我心中写作的火花。一是因为她很认真地看过我的作品，对于我在极客时间里发布的内容很熟悉，二是因为我们对于“撰写专利，将会是技术型知识工作者最核心的产出”这个观点，都有着很高的认可度。

对于当代工作，我在公众号“林外”里，写过一篇文章《33 岁退休一月：久在樊笼里，复得返自然|下篇》，文章中提到马克思对于劳动异化人的陈述：工业化之后，劳动者和自己的职业活动，发生异化。也就是说，在流水线上，没有一个产品是一个人独立完成的，每个人都只做其中一小部分，例如，有的人拧了几十万颗螺丝，但不知道自己造了什么，以及造了产品的哪部分。这种支离破碎的

工作，让劳动产生异化，并使人丧失个人工作成就感。而撰写专利，可以帮助他们重新找回成就感，以及确定自己的这份工作在社会中的价值，并将其显性化。螺丝钉只有型号，没有名字，但每件专利中，都有发明人的名字。

我和人民邮电出版社的故事也值得一提。我在刚入行的时候，就是看着人民邮电出版社的图灵交互设计丛书成长起来的，那时学校没有专门的交互设计学科，完全靠看书自学交互设计和进行工作实习。我记得我在第一份实习工作中，由设计总监亲自培训，当时他对我的一个评语就是“看书不少”。我心里想：你看人，不准。我其实看书很少，但是我喜欢反复看经典图书，尤其是人民邮电出版社的图灵交互设计丛书，并不停地分享和应用其中的理念。后来，我知道这叫作费曼学习法，叫作教学相长，也叫作输出是最好的输入。这些理念深深植根于我的学习里。我反复看的书包括《简约至上：交互式设计四策略》《微交互：细节设计成就卓越产品》《写给大家看的设计书》等。

现在，人民邮电出版社的编辑来找我写书，而且是写一本有关专利和人机交互的书，似乎一切都有所安排，缘分也恰到好处。这些是促成我写本书的诱因，而至于我写书的内在动机，可以概括成如下两个方面。

一方面，是为了体系化梳理自己的知识。为了输出发明创造的定义，以及申请中的各种知识，我一边写书，一边学习。我一直将“教学相长”当作我个人的学习“金线”，相信并实践“输出是最好的输入”这一理念。可以说，写本书对我最大的价值，就是让我成为专利法的“门口汉”。我有 7 年的发明史，然而对于专利法的知识基本靠体会，完全没有理论学习，是一个彻彻底底的“门外汉”，而在写本书的过程中我迈出了一大步，走到了专利法的“门口”。同时，在写作的过程中，我进一步对专利的产生和创新的产生进行系统性总结和输出，这也是我之前所不具备的能力。

另一方面，我认为专利不是精英特权，它属于每个知识工作者。虽然公司很鼓励大家写专利，但是撰写第一件专利的过程很辛苦，大部分人都是对着公司法务提供的专利交底书模板开始撰写的，整个过程完全得靠自己摸索，我撰写第一件专利时也是如此。我在想，为什么很少有人公开分享自己的专利经历和细节，而公司也很少组织相关的培训呢？后来我才发现，一个原因是大家都很谦虚，都认为自己是“门外汉”，不敢分享，怕误人子弟；另一个原因是专利提交和申请存在一定的竞争性，说多了怕“饿死师傅”。

专利应该是普通知识工作者的产出，抽象于现有工作的产出，却因为信息差造成的门槛，普通知识工作者难以成功地完成第一件专利，从而撞到了专利的“新秀”墙；再加上写专利并非强制性要求，很多人就不再尝试写专利了。很有意思的是，完成过一件专利的人，往往又会接着完成第二件、第三件专利，直到其思维枯竭或者因其他原因导致其无法继续。而本书就是从普通知识工作者角度出发，阐述撰写第一件专利需要掌握的必要知识和可能遇到的问题，同时，提供不少创新思维和案例分析，启发大家持续创造，从而成为一名能够持续创造的发明人。

感谢各位支持

感谢 2022 年年初，在陈天舟先生的牵线下，我和极客时间结缘，并完成了我的第一门在线课程“林外 · 专利写作第一课”的制作。这次产出，为本书注入了不少知识点，重点体现在本书中专利交底书这一部分；同时，这也提升了我体系化写作的能力。感谢极客时间，以及各位编辑和运营人员提出的意见和对我的支持。

感谢人民邮电出版社，也感谢编辑孙喆思，由于她的建议和“操盘”，才有了本书。同时，也特别感谢她的建议，促使我翻阅专利法相关的资料，如《中华人民共和国专利法》《中国专利法详解》等，这些资料帮助我补充了整本书在专利法方面的不足之处，让普通知识工作者，也可以对专利法的精神和规定的流程，有较为通俗的理解。

感谢做出很大贡献的新路，他是与我密切合作的伙伴，与我一起阅读和分析了大量专利案件，并输出了几百份专利分析案例。我们又从其中精益求精地挑选出二十几个具有代表性的互联网领域专利案例，以扩大整本书的应用范围，让发明人能够从身边的创新细节开始学起。

感谢在我旅居生活中一直支持我工作的太太，以及我们的女儿小橙子。6 个月的写作过程，其实是非常枯燥和无聊的；由于我们长期在外，一家人不得不挤在同一个房间内，深度工作变得奢侈。然而，我得到了家庭强有力的支持，她们会按照我的作息，调整家庭的工作时间，各自安静地做自己的事情。同时，我的太太在我写完之后，做我的前排读者，鼓励我并校验我的产出。所以，整本书的顺利产出，离不开她们的支持。

感谢书中所列举专利的各位发明人，以及其他所有发明人、准发明人。他们的付出和坚持，为我们勾勒出了创新的蓝图，指引我们不断前行。我甚至认为，专利是最大的开源行为。正是因为他们毫无保留地贡献了一个创意的前因后果，更多的发明人才可以站在巨人的肩膀上出发，不断学习和精进，避免了低层次的创新，推动了整个社会科技的进步。

最后，我毕竟能力有限，所以在整理和撰写过程中，难免有一些纰漏，尤其在理解他人专利以及专利法上，无法面面俱到，还请各位读者能够不吝赐教。可以关注公众号“林外”，加我的微信，直接向我反馈文中纰漏。

林外

2023 年 5 月 31 日

前言

各位读者，大家好。我是一个设计师出身的发明人，之前在某“大厂”任职高级体验专家（P8 级别），在我任职的这 7 年时间里，最特殊的经历，就是我作为第一发明人完成了 150 多件发明专利的撰写。

大家可能会好奇，一个设计师最后怎么成为一名发明人了？还有，撰写专利难道不是一件很高深莫测的事情吗，它应该离我们很远才对？事实上，我在撰写第一件专利之前也有这些疑问。毕竟我并不是专业的法务人员，也不精通专利文书。但是，当我写下第二十件、第三十件专利的时候，我发现自己写专利的思路竟然变得十分清晰，而且整体思维也会变得非常活跃。伴随着这样的想法，我开始一边继续探索人机交互领域并撰写专利，一边尝试辅导团队同事写专利，帮助其从 0 到 1 完成人生第一件专利的撰写，我自己也完成了 150 多件发明专利的撰写，成为人机交互领域拥有最多专利的一批人。

也正是在我个人和团队上的试验，让我坚信：之前高深莫测的事情，在我们了解规律之后，可以变得“触手可及”。撰写发明专利，不过如此。当我在 2016 年获得公司最高奖项 SuperMa 的时候，更是认识到“写专利”这件事不仅有规律可循，而且价值巨大。

所以，这也是我撰写本书的初心：专利让我收益颇丰，也希望能够对你有所启发，希望本书能帮助你提升专利的撰写能力，从而在物质和精神上都获得回报。**撰写专利，将会是技术型知识工作者最核心的产出。**

为什么我们要撰写专利

一说起专利，不少人的脑海里就会浮现“高大”和“遥远”这样的形容词，觉得它和自己无关。其实，专利撰写是互联网和高新技术企业的常规工作，是一件有价值、有意义的事情。

进入21世纪之后，随着我国经济实力的飞跃和综合国力的提升，专利已经成为我国发展的一部分。2020年11月30日，习近平总书记在主持中共中央政治局第二十五次集体学习时强调：“创新是引领发展的第一动力，保护知识产权就是保护创新。”我们熟知的知识产权，主要由专利权、著作权和商标权三大部分组成，而作为“三驾马车”之一的专利，在国家的技术创新上扮演着举足轻重的角色。

在这样的大背景下，百度、阿里巴巴、腾讯、字节跳动等公司，以及各个高新技术企业，都十分支持自己的员工去申请各种专利，尤其是设计、开发、产品等各类技术岗位的员工。举个例子，2015年我刚加入公司的时候，就发现公司法务每月发出的月报中，会标注出该月的专利申请数量、授权数量等，并会特意标注每个部门的具体产出。而且很有意思的是，有一年公司法务还推动CTO线所有级别为P8及以上的同事，让他们每年至少提交一个发明专利，并把这件事情写进了部门的 KPI。另外负责知识产权的部门还会申请足够的预算，来激励内部员工自主创新。

所以，把自己的工作产出写成专利，对我们这些技术型知识工作者来说，是一件利国、利己的好事情。

撰写专利的现实困境

然而，写专利、做发明人，这么一件好事、大事，其实际落地的过程却非常坎坷。我们身边真正能够做这件事情的人其实不多。这是为什么呢？根据我的观察，虽然很多人都有撰写专利的诉求，但是让他们迈出第一步就非常难，走下去并获得专利授权，就更难了。其中的难点，总结起来无外乎以下3个。

第一，信息很零散，不知道在哪、也不清楚怎么开始申请专利。在绝大部分公司中，是不会有专利培训的，也就是说几乎没有一个正式场合，能让我们习得这项职业技能。就拿我自己来说，我在某大厂的7年时间里，公司从来没有组织过正式的关于专利的培训，我印象中唯一的一次，还是我自己在集团做的“民间”的专利分享。可以说，大部分人能够学会专利申请，完全靠自己摸索，我也一样。寻求谁的帮助、在什么地方以及如何申请专利，解决这些问题都是依靠自己摸索和同事们的口口相传，以及前辈留下的零散的文档。所以，我希望把我这么多年的专利撰写经验整理成相对体系化的内容分享给你，让你知道怎样开始，以及怎样更好地开始。

第二，在专利申请的过程中，很难把控协作者的进度。撰写专利，不是一个人的事情，而是一个复合团队的事情。我们不仅要完成写专利这件事情，而且需要和一群人拿到正向结果。很多技术型知识工作者虽然在技术创新上很有见解，但是面对复杂的项目管理和人际关系，都不免头疼。例如，专利发明人的顺序怎么确定、授权和受理的奖金怎么分配、第一件专利应该撰写什么类型、如何提升专利的通过率等，这一系列问题虽然小，但它们是专利申请链路上的线性环节，一步走错，申请的流程就断了。而且由于没有足够多的经验和机会，也没有机构和前辈能够给出足够的解释，很多人可能鼓起勇气刚开始写专利，就撞了南墙。实际上，专利就像一个产品，把一个创意变成专利文书，就像把一个想法变成产品一样。我们作为第一发明人，必须从产品 CEO 的角度出发完成撰写，并向上、向下管理团队，推动项目前进。所以在本书里，除了讲述一些必要的撰写要领，我也会介绍如何像 CEO 一样做事情，真正高效地做好向上管理和向下管理。

第三，创意难，无法体系化产生和识别专利。并不是所有工作中的创意，都可以写成专利。有些创意很好，但是提交晚了，就无法申请专利；有些创意和其他专利有千丝万缕的关系，在申请过程中将会困难重重；有些创意过于天马行空，就会被批评并被认为不实用，导致无法申请专利；还有些创意很好，但是其方向和公司战略无关，可能连内部审核都过不去，连专利的申请号都拿不到，就更别提专利授权了。专利有明确的法律要求，只有我们从司法解释的角度去理解，才能更好地将自己的创意，变成各种类型的专利。同时，千篇一律的日常工作，虽然让我们在细分领域更加专业，但是我们也会丧失更多理解他人的工作和最新进展的机会，导致自己的创意枯竭在当前岗位上。通过学习论文，阅读同行的专利，可以有效拓展自己的专业视野和提高创新能力。但是，专利的权利要求书和说明书，都有浓重的法律“味”，非常难读懂。这也在一定程度上，产生了不小的学习障碍。

这 3 个现实的难点，是我们这些技术型知识工作者在撰写和申请专利过程中，普遍都会遇到的。而本书的设计，就是从技术型知识工作者的视角出发，带你学习专利撰写的要点和技巧，完成一件专利产品的上线。所以，只要你已经在当下领域工作了一年以上，现在有了创新、改进的想法，但还不知道如何下手写专利，就可以跟着我一起来学习。

帮助你完成第一件专利的撰写

严格意义上，我国的专利可以分为发明专利、实用新型专利和外观设计专利。但在本书中，我会聚焦于发明专利的撰写，这主要是因为发明专利难度最高、价值最大。本书从以下几部分展开。

第 1 章，从国家、企业和发明人的角度，理解专利的价值和意义。我从国家发展和企业发展的角度出发，也就是从“天时”和“地利”的宏观角度看待撰写专利这件事，虽然这一部分看起来似乎和我们有些距离，但我很坚持：我们在探寻事物发生的原因时，应该站得越高越好。因为只有这样，才能以“超纲”的视角来洞悉事物的全貌，才能真正明白撰写专利是一件长远的事情，需要深刻理解其原因，才有可能坚持下去。同时，我列举了专利撰写对发明人的六大好处，包括物质奖励和精神激励，例如在晋升和绩效考核中加分、帮助部门完成专利指标等。而我们熟知的专利奖金，反而是专利撰写中最微不足道的好处。

第 2、3 章，了解专利的司法定义和解释，以及发明专利的写法和构成。我从《中华人民共和国专利法》出发，介绍专利的司法定义和解释，让大家对我国的专利有一个初步的理解，其中涉及对发明专利、实用新型专利和外观设计专利的介绍。此外，我阐述了申请国内专利和申请国际专利的联系和区别，重点介绍 PCT（Patent Cooperation Treaty，专利合作条约）制度。在完成宏观理解之后，我深入专利细节，尤其是发明专利的细节，帮助大家理解一份发明专利的构成，包括请求书、说明书、说明书摘要和权利要求书。通过这一部分的学习，你将可以看懂一件专利。

第 4、5 章，产生创意，并识别出好创意。首先，我使用系统创新工程 TRIZ（Teoriya Resheniya Izobreatatelskikh Zadatch，发明问题解决理论）的一个分支 SIT

（Systematic Inventive Thinking，系统创新思维）抽离出属性依存这一方法，这也是数字世界中十分实用的创新方法和工具。同时，我在这个方法上填充大量数字世界的特征，以及人机交互（Human-Machine Interaction，HMI）的实战案例，把这个抽象方法，具象成你容易理解的创新方法，从而让数字世界从业者（互联网技术、新能源技术、智能化产业的从业者）可以直接理解和使用，产生 10 倍创意。然后，我介绍了一个创意变成专利的过程，至少有 7 个角色会参与其中，发明人需要关注 5 个以上的环节，这是一个耗时又耗心力的过程。我带大家了解专利申请的全流程，通过一幅全景图介绍专利申请的各个节点和关键利益人。我从全景图的横轴出发，讲解所有的关键节点和关键交付物；从纵轴出发，讲解关键利益人的核心诉求，制定对应的申请策略，提升专利审批的通过率。最后，我以《中华人民共和国专利法》的授予条件为根基，从专利要求的三性（新颖性、创造性和实用性）以及企业市场角度（公开换取独占）出发，高效鉴别哪些创意可以成为专利，提升你的专利审美能力。

第 6 章，将好创意写成专利交底书。在了解了全流程之后，要回归到发明人的主要工作上，即了解如何撰写专利交底书，并和专利代理人合作完成专利文书。本章向你展示我这几年撰写的有代表性的几个授权专利实战案例，并重点介绍专利交底书中的“核心思路和示意图”。虽然这些案例中的专利不见得有多先进和精致，甚至你可能会觉得“这都可以申请专利”，但我带给你的是当时的第一手申请资料。

第 7 章，构建自己的专利素材库。虽然检索专利的方式可以帮助我们判断自己的想法是否可行，但容易被人忽略的是，时常收集和整理一些自己所在领域相关的专利，才是一种提高自己思维创新能力的高效手段。就像论文的文献综述一样，这种自己特有的知识库，不仅能让自己了解当前领域的边界，还可以碰撞出自己研究方向的火花。在第 7 章，我以自己构建的新能源专利素材库和新路构建的互联网专利素材库为例，介绍如何构建自己的专利素材库。太阳底下，没有新鲜事。根据 TRIZ 的研究结果，绝大部分的发明创造，都是有迹可循的。更多时候，只是将用在水利工程上的创意，移植到电力系统上进行创新。

螺丝钉只有型号，没有名字

我想分享一个这么多年来一直困扰我的问题。在互联网行业工作了这么多年，每年回家过年，都会碰到一个很难回答的问题：我是做什么的？

如果做前台类的产品，可能还容易些。我可以说：打开这个 App，然后点击第二个 Tab，再点击这个选项，这里面是我设计/开发/规划的。但是可能因版本更新，我做的东西被删除了。

但有一些人，是在做中台或后台类的产品，几乎没有办法解释自己的工作。

在这个时代，我们成了庞大生产线的一小部分、一颗螺丝钉，找不到产出的归属感。但我们也在寻求突破，即如何从一颗螺丝钉，变成一个有独立价值的个体。螺丝钉虽然重要，但是，螺丝钉只有型号，没有名字。

将自己的工作产出，变成一件发明专利，这是技术型知识工作者最有价值的产出。我们可以将自己的名字刻在历史长河中 20 年（发明专利有效期为 20 年，即使失效了也可以查询到）。虽然这对历史而言并不长，但对我们这些个体而言，是极其久远的。因为，我们可能也就工作三四十年。

特别说明

本书提及的所有专利案例，都来自国家知识产权局的公开材料。为了保护发明人的隐私，我只展示专利号和专利名称，发明人的信息和专利的具体内容未在本书中展示。同时，由于专利相对难懂，所有案例都会经过我的理解和二次加工，如果有不当之处，还请发明人和专利代理人指正，我将进行勘误。

关注我的公众号“林外”，回复“林外”或者“新路”，可以和我取得联系。

资源与支持

资源获取

本书提供如下资源：

- 本书思维导图；
- 异步社区 7 天 VIP 会员。

要获得以上资源，您可以扫描下方二维码，根据指引领取。

提交勘误

作者和编辑尽最大努力来确保书中内容的准确性，但难免会存在疏漏。欢迎您将发现的问题反馈给我们，帮助我们提升图书的质量。

当您发现错误时，请登录异步社区（https://www.epubit.com），按书名搜索，进入本书页面，点击“发表勘误”，输入勘误信息，点击“提交勘误”按钮即可（见下页图）。本书的作者和编辑会对您提交的勘误进行审核，确认并接受后，您将获赠异步社区的 100 积分。积分可用于在异步社区兑换优惠券、样书或奖品。

与我们联系

我们的联系邮箱是 contact@epubit.com.cn。

如果您对本书有任何疑问或建议，请您发邮件给我们，并请在邮件标题中注明本书书名，以便我们更高效地做出反馈。

如果您有兴趣出版图书、录制教学视频，或者参与图书翻译、技术审校等工作，可以发邮件给本书的责任编辑（sunzhesi@ptpress.com.cn）。

如果您所在的学校、培训机构或企业，想批量购买本书或异步社区出版的其他图书，也可以发邮件给我们。

如果您在网上发现有针对异步社区出品图书的各种形式的盗版行为，包括对图书全部或部分内容的非授权传播，请您将怀疑有侵权行为的链接发邮件给我们。您的这一举动是对作者权益的保护，也是我们持续为您提供有价值的内容的动力之源。

关于异步社区和异步图书

“异步社区”（www.epubit.com）是由人民邮电出版社创办的 IT 专业图书社区，于 2015 年 8 月上线运营，致力于优质内容的出版和分享，为读者提供高品质的学习内容，为作译者提供专业的出版服务，实现作者与读者在线交流互动，以及传统出版与数字出版的融合发展。

“异步图书”是异步社区策划出版的精品 IT 图书的品牌，依托于人民邮电出版社在计算机图书领域 40 余年的发展与积淀。异步图书面向 IT 行业以及各行业的 IT 用户。

目录

第 1 章　为什么我们需要发明创造

以发明专利、实用新型专利和外观设计专利为代表的发明创造，是整个知识产权体系的核心组成部分，也是一个国家创新、创造能力的重要体现。而落实到国家层面、企业层面以及个人层面，发明创造具体意味着哪些价值，是我们需要清晰认识到的。关于发明创造的具体定义，将在第 2 章介绍。本章将会从 3 个层面（国家、企业、发明人），具体论述为什么我们需要发明创造。撰写专利是一件长远的事情，所以只有很深刻地理解其中的原因，我们才有可能坚持下去。

1.1　为什么国家重视专利

2020 年 11 月 30 日，习近平总书记在主持中共中央政治局第二十五次集体学习时，强调了知识产权对国家发展的重要性，其中有如下两句非常重要的话。

- 创新是引领发展的第一动力，保护知识产权就是保护创新。
- 我国正在从知识产权引进大国向知识产权创造大国转变，知识产权工作正在从追求数量向提高质量转变。

对此我深有感触。时间回溯到 2010 年，我的一位师兄从德国留学回来，与我们分享了一段 IF（工业设计界的最高产品设计奖项之一）主席对中国工业设计的判断，结论是中国的工业设计发展存在阻碍，原因有以下两个。

- 没有足够基数的人愿意为好的设计支付高的价格。例如，当年一支 MUJI

的圆珠笔的价格是 7 ~ 8 元，而小卖部的仿制品的价格是 2 元。

- 知识产权保护意识薄弱，抄袭的成本较低。例如，很多产品是通过引进设计好的产品，然后逆向建模再生产出来的。

近 5 年，我国重视知识产权保护，正是因为时机已经成熟：

- 总体上，我国的综合国力逐渐变强；
- 在生产端，具有创新精神的产品和企业，会被鼓励和支持，毕竟创新是需要很大成本的，我国通过专利诉讼和专利商业化来保护知识产权；
- 在消费端，我国愿意为创新和设计买单的人逐渐增多。

创新是引领发展的第一动力，保护知识产权就是保护创新。为了从知识产权引进大国向知识产权创造大国转变，国家鼓励企业创新发展。接下来我们将介绍为什么企业需要专利。

1.2 为什么企业需要专利

在前言中，我提到把自己的工作产出写成专利对我们这些技术型知识工作者来说，是一件利国、利己的好事情。接下来，我们就来研究一下，企业为什么鼓励我们写专利。

1.2.1 企业对专利的重视

不知道你所在的公司有没有免费的餐饮？我原来所在的公司是没有的。然而，企业对发放专利奖金非常重视；而且据我所知，不少企业有类似的情况。愿不愿意投入，最能体现一家企业看不看重这件事情。实际上，企业这样做是有原因的。在开始分析具体原因之前，先介绍目前部分企业在专利上的投入。

由于我之前接触的都是一线互联网公司，为了了解得更全面，我在我的公众号上做了一轮调研，了解部分企业的专利奖金。我一共设计了以下 6 个问题。

- 你对所在公司的专利奖励政策了解吗？（单选题）
- 你所在的公司市值/估值规模。（单选题）
- 提交奖：只要提交发明专利，公司就发奖金，无论成功与否。（单选题）
- 受理奖：只要发明专利被国家知识产权局受理，公司就发奖金。（单选题）

- 授权奖：只要发明专利被国家知识产权局授权，公司就发奖金。（单选题）
- 你所在的公司对外观设计专利或者实用新型专利，设置多少奖金？（单选题）

这次调研总计回收了 35 份有效问卷。在参与人中，34%来自 10 亿美元规模以下的企业，20%来自 10 亿～100 亿美元规模的企业，45%来自 100 亿美元及以上规模的企业。具体专利奖金统计如表 1.1 所示。

表 1.1 专利奖金统计

<table>
<tr><th rowspan="2">奖金（元）</th><th colspan="3">发明专利</th><th rowspan="2">实用新型/
外观设计专利</th></tr>
<tr><th>提交</th><th>受理</th><th>授权</th></tr>
<tr><td>无</td><td>62%</td><td>34%</td><td>34%</td><td>31%</td></tr>
<tr><td>1～500</td><td>8%</td><td rowspan="2">14%</td><td rowspan="4">20%</td><td rowspan="2">31%</td></tr>
<tr><td>501～1000</td><td>14%</td></tr>
<tr><td>1001～3000</td><td rowspan="5">16%</td><td>37%</td><td>22%</td></tr>
<tr><td>3001～5000</td><td rowspan="4">15%</td><td rowspan="4">16%</td></tr>
<tr><td>5001～10 000</td><td>8%</td></tr>
<tr><td>10 001～20 000</td><td>20%</td></tr>
<tr><td>20 000 以上</td><td>18%</td></tr>
</table>

在表 1.1 中，我们可以看到：

- 接近 70%的企业是有明确物质激励的，尤其规模在 10 亿美元以上的企业；
- 受理奖金（包含提交奖金），激励区间为 1001～3000 元；
- 授权奖金，激励区间为 10 001～20 000 元，有约 17%的公司会给予 20 000 元以上的激励。

当然，这些数据的真实性和样本量是值得优化的。我还调研了几家互联网企业的专利奖金情况，大致如下。

- 阿里巴巴：受理奖金 3500 元、授权奖金 20 000 元。
- 字节跳动：受理奖金 4000 元、授权奖金 8000 元。
- 蚂蚁：受理奖金 3500 元、授权奖金 20 000 元。

可见，虽然各家企业在奖金数额方面不同，但不得不说，但凡真正鼓励员工申请专利的企业，都会确确实实拿出“真金白银”。但企业为什么要这么做呢？我们一起来看一个重要的案例。通过这个案例，可以清晰地感知到，专利对一家企业而言有多么重要，尤其是一家参与国际竞争的企业。

案例：华为 5G。

截至 2021 年 2 月 5G 专利的申请，以及市场份额，如图 1.1 所示。

从图 1.1 中的数据来看，中国的华为（Huawei）以 15.39%的份额领先，其次是高通（Qualcomm），占 11.24%；中兴（ZTE）占 9.81%；三星电子（Samsung Electronics）占 9.67%；诺基亚（Nokia）占 9.01%。

2021 年 3 月，华为宣布将从 2021 年开始实施 5G 专利许可收费计划。华为知识产权部部长丁建新，在“知识产权：保护科技创新的前进引擎”论坛上表示，华为公司预计 2019～2021 年这 3 年的知识产权收入在 12 亿～13 亿美元，并公布了华为对 5G 多模手机的收费标准：华为对遵循 5G 标准的单台手机专利许可费上限为 2.5 美元，并提供适用于手机售价的合理百分比费率。

Table 1. Top 5G patent declaring companies (IPlytics Platform, February 2021)

Current Assignee	Share of 5G families	Share of 5G granted and active families	Share of 5G EP/US granted/active families	Share of 5G EP/US granted/active families not declared to earlier generations
Huawei (CN)	15.39%	15.38%	13.96%	17.57%
Qualcomm (US)	11.24%	12.91%	14.93%	16.36%
ZTE (CN)	9.81%	5.64%	3.44%	2.54%
Samsung Electronics (KR)	9.67%	13.28%	15.10%	14.72%
Nokia (FN)	9.01%	13.23%	15.29%	11.85%
LG Electronics (KR)	7.01%	8.7%	10.3%	11.48%
Ericsson (SE)	4.35%	4.59%	5.25%	3.79%
Sharp (JP)	3.65%	4.62%	4.66%	5.50%
OPPO (CN)	3.47%	0.95%	0.64%	1%
CATT Datang Mobile (CN)	3.44%	0.85%	0.46%	0.68%
Apple (US)	3.21%	1.46%	1.66%	2.15%
NTT Docomo (JP)	3.18%	1.98%	2.25%	1.9%
Xiaomi (CN)	2.77%	0.51%	0.23%	0.32%
Intel (US)	2.37%	0.58%	0.32%	0.4%

图 1.1 5G 专利的申请以及市场份额

可以看到几个关键数字：15.39%的专利份额，单台手机上限为 2.5 美元的专利许可费。可见，华为在 5G 上的布局已经非常强大。所以，有人会说："专利，就是一家企业的核心竞争力"。这一点在技术驱动的企业中体现得更加明显。

1.2.2　知识产权对企业的意义

保护知识产权，企业可以获得实实在在的利益，其中主要有以下几个核心的利益点。

1. 获得高新技术企业认证

在 2016 年 6 月，科学技术部、财政部、国家税务总局修订并印发了《高新技术企业认定管理工作指引》。该文件指出，如果企业要申报高新技术企业，需要分别接受技术专家和财务专家的独立评价与打分，并在各评审专家独立评价的基础上，由专家组进行综合评价。其中，技术专家主要评价企业的创新能力，从知识产权、科技成果转化能力、研究开发组织管理水平、企业成长性 4 项指标进行评价。如表 1.2 所示，各级指标均按整数打分，满分为 100 分，综合得分达到 70 分以上（不含 70 分）为符合认定要求。

表 1.2　企业创新能力指标

序号	指标	分值
1	知识产权	≤30
2	科技成果转化能力	≤30
3	研究开发组织管理水平	≤20
4	企业成长性	≤20

和专利相关的评分有两部分，分别为知识产权以及科技成果转化能力，最高分都是 30 分，是主要得分部分。一方面，专利是影响知识产权相关指标的核心因素。表 1.3 中展示的各项指标，分别从知识产权的质量、业务相关性、数量、是否原创等角度进行评价，而专利是知识产权的主要组成部分。

表 1.3 知识产权相关评价指标

序号	知识产权相关评价指标	分值
1	技术的先进程度	≤8
2	对主要产品（服务）在技术上发挥核心支持作用	≤8
3	知识产权数量	≤8
4	知识产权获得方式	≤6
5	企业参与编制国家标准、行业标准、检测方法、技术规范的情况（作为参考条件，最多加 2 分）	≤2

在高新技术企业认定中，对企业知识产权情况采用分类评价方式，其中发明专利（含国防专利）、植物新品种、国家级农作物品种、国家新药、国家一级中药保护品种、集成电路布图设计专有权等按 I 类评价；实用新型专利、外观设计专利、软件著作权等（不含商标）按 II 类评价（按 II 类评价的知识产权在申请高新技术企业时，仅限使用一次）。

另一方面，专利对科技成果转化能力的得分也有重要影响。依照《中华人民共和国促进科技成果转化法》，科技成果是指通过科学研究与技术开发所产生的具有实用价值的成果（专利、版权、集成电路布图设计等）。

简单来说，企业自己员工撰写的，并且和企业核心业务相关的、实现生产的发明专利，更有助于企业获得高新技术企业认证。

2．获得技术认可，提高市盈率

技术企业的市盈率[①]一般比较高，有些企业可以达到 50～100 倍市盈率。图 1.2 是国内头部技术企业 A 集团 2018 年的融资材料，我们会发现为了彰显其是一家技术企业，这里面就特意提到了专利数量。

3．在企业核心领域和未来战略领域，优先构建防火墙

这个利益点的价值其实是很难自证的，国内目前与发明专利相关的纠纷案件并不多。这里举一个国外产品的案例来解释这一点，我们未来可能也会面对这样的场景。

① 此处按 TTM（Trailing Twelve Month，滚动 12 个月）市盈率理解，即当日总市值/近 12 个月股东应占溢利。

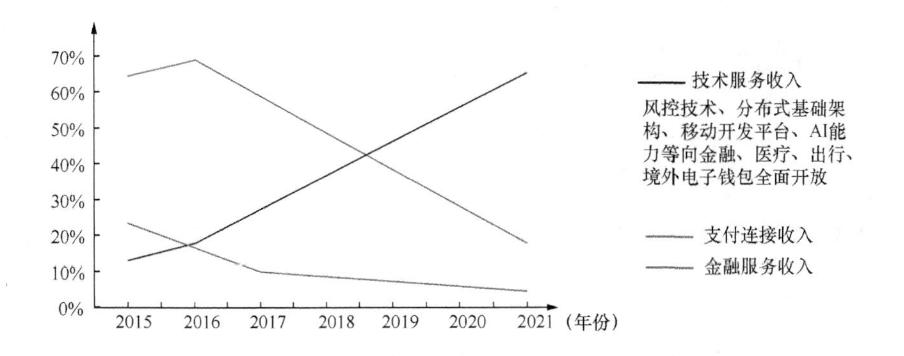

人才结构
60%员工在技术岗位
8%海归技术专才

专利申请量
2016年达1161件，超过亚马逊Facebook，其区块链申请专利数量在全球互联网公司中排名第一

100%自主研发技术BASIC
区块链（Blockchain）人工智能（AI）安全（Security）物联网（IoT）计算（Computing）

注：根据公开资料整理

图 1.2　A 集团 2018 年的融资材料

新兴的即时通信软件 S 公司拒绝行业巨头 F 公司的收购之后，F 公司在旗下的几个核心产品中陆续复刻了 S 公司多款功能，包括消息阅后即焚、换脸滤镜等功能。那么，假设 S 公司持有这些功能的各件发明专利，S 公司是不是就可以通过起诉 F 公司专利侵权来制止这些堂而皇之的剽窃行为？事实上，这条路极难走，因为 S 公司的即时通信软件，是后起之秀，而 F 公司作为这个领域的“龙头”，已经布局十几年了。虽然 F 公司抄袭了 S 公司，但 S 公司也不可避免要使用 F 公司在即时通信领域的很多专利。

可以说，一家企业如果在一个领域有足够多的布局，那么在法理上几乎就是“无敌”状态。因为专利诉讼的官司常见打法如下：S 公司起诉 F 公司在某个领域侵犯了自己的 5 件专利；F 公司找出当前领域中，自己持有的且 S 公司侵权的专利 100 件，反诉 S 公司；法院权衡之后，用 100−5=95 的逻辑，会得出 F 公司反诉成功的判决。

谁先构建足够大的防火墙，谁就能在未来竞争中保持优势。因此，我很同意高智公司的一个观点：未来，专利会成为比肩资金、流量的生产要素。

“创新是引领发展的第一动力，保护知识产权就是保护创新。”我们可以细细品味一下这句话对于企业和我们这些一线知识工作者的影响。

1.3 专利对于发明人的六大好处

在 1.1 节和 1.2 节，我们把视角放在撰写专利对国家和企业的好处上，从宏观的角度解释了撰写专利的好处，也知道了国家和企业重视专利的底层原因。但是在本节，我们会介绍专利对发明人的好处，而经济奖励其实是撰写专利最微不足道的好处。

1.3.1 不管写多少专利，奖金总有上限和时限

靠专利获得较高的经济收益是很难的。假设一个人写了 100 件专利，其中 8 成能通过内部审批并被受理，每件专利受理奖金为 3500 元，预计总收益为 28 万（3500×80）元；再假设这个人的专利质量很高，其中 5 成能通过国家知识产权局的实质审查，拿到专利授权，每件专利授权奖金为 20 000 元，那么预计总收益为 80 万（20 000×40）元。

单从奖金上看，理论上确实可以实现收入百万，但这需要花费多少时间呢？以我的经验来推算，一年能产出 30 件专利（还必须是唯一发明人），就已经非常优秀了，也就是说，即使是最优秀的一拨人，写完 100 件专利，也需要约 3 年的时间。同时，专利从受理到授权，再到发放授权奖金，需要 3～5 年的时间。这意味着，想获得百万的经济收益，至少需要在一家公司待 5～8 年的时间（注：有些公司，员工在离职之后，也可以享受专利授权奖金）。另外，在公司能写 30 件专利以上的人，一般岗位级别都不低，而对于这部分高收入人群，这笔专利奖金收入分摊到每年也不算多了。

所以，专利奖金是有上限和时限的，它不是一个可以持续追求的目标。

1.3.2 从个人角度出发，写专利会有六大好处

当我们抛开“为了赚取奖金写专利”这个目标时，其实我们可以发现写专利的更多好处。2016 年，我因为专利高产，拿到了公司最高奖项 SuperMa，并在一个月后晋升到了 P7，那时我刚毕业 3 年；到了 2019 年，我拿到了公司设计师的专利大奖，两个月后晋升到了 P8，更有意思的是，当时为我颁奖的嘉宾还是我晋

升面试的评委，那时我毕业 6 年整，成了当时公司最年轻的一批设计 P8。当然，没有人是因为只写专利就能获得晋升机会的，但是写专利带来的好处会像滚雪球一样，影响到我们职业生涯的方方面面。接下来，我从发明人的视角介绍为何要重视专利、写专利。

1. 帮助部门完成专利指标

很多企业是有专利指标的，即会要求一个部门在当年完成指定数量专利的提交，这一点在新兴产业或者独角兽企业里特别明显。2015 年我刚加入公司的时候，当时的技术部门就有专利指标，我所在的前端和设计团队也不例外。在这样的背景下，我们撰写专利，在完成部门专利指标的同时，也让自己在工作上获得别人的认可。

我提交的第一件专利是 Ant Design 的 Pagination 设计，我带领的设计小组改进了这个陈旧的组件，并把改进的结果撰写成专利。而这件专利是整个部门财年的第一件专利，同时也是部门重点项目 Ant Design 的一个重要组成部分。这件专利作为优秀案例受到了部门的重视，对我个人的职业发展产生了良性的影响。

2. 绩效考核和晋升的一个量化加分项

接下来对前文提到的指标与绩效进一步深入讲解。互联网行业的晋升其实是一场面试，需要在外部评委面前，阐述自己足以胜任更高职级的工作。大量的外部评委可能并不知道被评估者的业务和工作，所以他们需要通过某些公认的标准来理解被评估者的产出，例如专利，尤其是发明专利。在我晋升述职时，我的 PPT 中只有一页提到了专利产出，但成功引起了主评委的注意，在后续的问答环节中，他只问了两个问题，其中一个就是“你写了这么多专利，说一个写得最好的专利吧”。这个问题刚好我有所准备，就顺势列举了一件当年公司的十佳专利，整个晋升述职过程都很顺利。

当然，上述是我个人的经验，具有一定的偶然性。但是，专利在很多互联网公司都是“硬通货”“硬指标”，是被认可的，而这些会成为绩效考核和晋升时的积极因素和量化加分项。

3. 申请高层次人才引进的充分条件

目前二线城市和新一线城市都有相关的政策，持有发明专利且是主要发明人的人，可以直接申请对应人才。以杭州市为例，相关政策如下。

- 申请 E 类人才条件包括中国专利优秀奖、中国外观设计银奖获得者（须为专利设计人，前 3 位完成人）；省专利奖优秀奖获得者（须为专利发明人或设计人，前 3 位完成人）等。
- 申请 D 类人才条件包括中国专利银奖、中国外观设计金奖（须为专利发明人或设计人，前 3 位完成人）；省专利奖金奖获得者（须为专利发明人或设计人，前 3 位完成人）等。

各地对高层次人才的激励有很多种，想要了解更多的读者可自行查阅相关资料。

4. 对创新思维的锻炼以及对自我成长的帮助

前 3 点更多的还是在讲外部的反馈，包括物质上和精神上的。但对大部分人来说，我们可能很容易忽略撰写专利对自己的思维方式和创新能力所起到的相辅相成的作用。那么到底是先有创新思维，还是先有专利呢？其实这并不是“鸡与蛋”的问题。因为在发明专利的要求里，对其质量就有明确的规定，即要求其具有创新性、侵权认定、市场价值以及不可替代性。

从专业发展的角度，创新思维的提升主要在于创新性和不可替代性。创新性很容易理解，即比别人想得早，比别人想得好，聚焦于如何定义问题；而不可替代性是最难实现的，实现它意味着我们不但要定义问题，还要得出问题的最优解，让所有人都绕不开这个问题。例如，第一代 iPhone 允许用户在手机触摸屏上滑动以解锁手机，以及具有把 11 个数字识别成电话号码，用户点击即可呼出电话的功能。这些功能我们现在看起来是非常自然的，但它们具有创新性和强烈的不可替代性，其他相关行业的厂商根本不可能绕开这件专利。

能写成专利的创意，一般都具有创新性和不可替代性，而经常写专利的人，自然也就具备创新能力了，这是相辅相成的结果。当你撰写的专利的数量达到两位数时，你就会发现，身处的这个领域充满了规律，这些规律还具有非常强的系统性。从我的经历来看，如果没有这种体系化的创新思维的历练，我不可能在 7

年的时间里，提交超过 200 个案例，通过受理 150 多件发明专利，并获得其中 50 多件发明专利的授权。无他，但手熟尔。

5. 在历史长河上，留下自己的名字，至少 20 年

螺丝钉只有型号，没有名字。我在互联网企业工作了 7 年，其实没有任何一个产品是我独立完成的。现代工作非常强调分工，这会将知识工作者的产出流水线化，例如产品经理负责产品规划，设计师负责原型和 UI（User Interface，用户界面）设计，前端负责人机交互部分的实现，后端负责后台和数据库等的实现。越成功的产品，越没人敢说是自己独立完成的。

撰写专利，本质上是知识工作者自我价值的证明，也是知识工作者在分工体系下保证自我价值的有力手段。此外，撰写专利可以将我们的名字和一个有价值的产出绑定在一起并留存 20 年，即使在 20 年之后，这段记录也会存在于人类的历史长河里。

6. 补充现金流

对于撰写专利的最后一个优点，我们回到物质激励上来介绍。撰写专利的直接收益，可以参考之前的统计数据。而除了直接收益，我们很容易忽略间接收益。对我们“打工人”而言，撰写专利和内推都是可以额外增加现金流的方式，也是符合工作需求的正当“副业”。从现金流的角度出发，间接收益是非常有价值的补充。

第 2 章　发明创造的定义

在第 1 章中，我们了解了为什么需要发明创造。而在本章中我们将继续深入讲解什么是发明创造。我们将从起源，对发明创造的历史进行定性的介绍；同时从《中华人民共和国专利法》（后文简称《专利法》）的角度出发，结合我个人的理解，对发明创造的司法定义进行感性的阐释。

2.1　发明创造

很多人会把发明等同于专利，例如大家经常会混淆发明、专利、发明创造、发明专利、实用新型专利、外观设计专利这些词。造成这种现象的原因有很多，可能是因为不同国家对发明创造的定义和对其内涵的解释不同，也可能是因为这些概念没有得到充分的普及。下面先介绍一些专利法的历史，供大家了解其发展背景。

美国专利法规定了 3 种不同类型的专利，即发明专利（invention patent）、植物专利（plant patent）和外观设计专利（design patent），然而美国专利法通篇没有用一个词来概括这 3 种专利的保护客体，当其提到“发明”时，总是单指发明专利。

1984 年，我国在制定《专利法》时，为了便于表述，认为有必要采用一个词来概括这 3 种专利的保护客体。如果采用“发明”一词，则容易与发明专利中的

"发明"一词产生混淆，而且用"发明"一词来表述外观设计专利权的保护客体也不甚妥当（因为按照人们的普遍理解，对产品外观提出的新的设计方案可以被认为是一项"创造"，却难以被认为是一项"发明"）。我们应首先明确，《专利法》所称"发明创造"是对发明、实用新型和外观设计的统称。

为了明确这些概念，也为了方便我们后续的讲解，我们使用 2020 年最新修正的《专利法》第一章第二条的定义，把专利明确定义成以下 3 种。

- 发明，是指对产品、方法或者其改进所提出的新的技术方案。
- 实用新型，是指对产品的形状、构造或者其结合所提出的适于实用的新的技术方案。
- 外观设计，是指对产品的整体或者局部的形状、图案或者其结合以及色彩与形状、图案的结合所作出的富有美感并适于工业应用的新设计。

这 3 种专利分别被叫作发明专利、实用新型专利和外观设计专利，同时也被统称为发明创造。在本章中，我会带大家详细了解这 3 种专利类型以及相关定义。

2.2 发明专利

> 发明，是指对产品、方法或者其改进所提出的新的技术方案。

这是来自《专利法》的定义。在本节，我将结合《专利法》《中国专利法详解》《专利审查指南 2010》，通俗地解释发明专利的定义。

2.2.1 发明是技术方案

从句式的定义上看，我们可以将《专利法》中的"发明"的定义进行简化，去掉所有的定语之后，就可以得到定义：**发明（专利），是技术方案**。相对发明而言，技术方案这个词已经很具象了。在《专利审查指南 2010》中，对"技术方案"做出以下解释。

> 技术方案是对要解决的技术问题所采取的利用了自然规律的技术手段的集合。技术手段通常是由技术特征来体现的。
>
> 未采用技术手段解决技术问题，以获得符合自然规律的技术效果的方案，不属于专利法第二条第二款规定的客体。

> 气味或者诸如声、光、电、磁、波等信号或者能量也不属于专利法第二条第二款规定的客体。但利用其性质解决技术问题的，则不属此列。

原来的《专利法》是没有明确定义计算机程序是否能被授予专利的，由于近年来 IT 行业的快速发展，为了明确起见，《专利审查指南 2010》第二部分专门加入了“关于涉及计算机程序的发明专利申请审查的若干规定”一章，其中有如下规定。

> 如果涉及计算机程序的发明专利申请的解决方案执行计算机程序的目的是解决技术问题，在计算机上运行计算机程序从而对外部或内部对象进行控制或处理所反映的是遵循自然规律的技术手段，并且由此获得符合自然规律的技术效果，则这种解决方案属于专利法第二条第二款所说的技术方案，属于专利保护的客体。
>
> 如果涉及计算机程序的发明专利申请的解决方案执行计算机程序的目的不是解决技术问题，或者在计算机上运行计算机程序从而对外部或内部对象进行控制或处理所反映的不是利用自然规律的技术手段，或者获得的不是受自然规律约束的效果，则这种解决方案不属于专利法第二条第二款所说的技术方案，不属于专利保护的客体。

结合上述的司法解释，可以将技术方案的定义，理解成**对要解决的技术问题所采取的利用了自然规律的技术手段的集合**。所以，能够申请发明专利的技术方案，必须同时具备两个主要特征：利用了自然规律并且是一种技术手段。

未利用自然规律的技术方案，是不能申请发明专利的。例如，有人声称自己研发了一台永动机，该机器一经启动就能永久运转而不需要任何能源。这个专利案例显然会被驳回，因为它违反热力学的自然规律。除非有一天，基础物理学和热力学进行更新和迭代，发现了新的自然规律。

不是技术手段的技术方案，也是不能申请发明专利的。技术手段这个词，相对比较宽泛，我们可以从几个相近的角度来理解。例如，当能源紧张、电力吃紧时，我们要减少办公室的空调用电以缓解企业的用电焦虑，此时，可以通过升级空调的压缩机制冷方式或者制定让大家回家办公的规章制度来达成目的。显然，前者是可以申请专利的，因为调整或者更改空调的压缩机制冷方式是技术手段；而后者是不能申请专利的，因为它是一项人为制度（即使很有效果）。所以，在专利效果上，我们不需要区分是客观的还是主观的，但是我们必须保证实现这一效果的手段是技术性的。如果“让大家回家办公”是通过技术手段，而不是通过规章制度来实现，那就有可能可以申请专利。例如，设计一个功能，当办公室所在区域当天累计耗电量达到峰值时，系统会主动保存所有人的工作进度并上传云端，随后关闭耗电单元并提示员工回家，同时员工可以通过云端系统分发的工作进度，在家里无缝接入工作环境。

2.2.2　技术方案必须可产生有益效果

虽然在《专利法》的第二条里，没有明文规定技术方案的其他特征，但《中华人民共和国专利法实施细则》（后文简称《专利法实施细则》）的第十七条中规定：*发明或者实用新型专利申请的说明书应当写明发明或者实用新型的“有益效果”*。这个特征也印证了专利权授予的 3 个条件之一：实用性（具备新颖性、具备创造性和具备实用性这 3 个条件会在后续章节进行具体解释）。

所有申请的专利必须可对社会、个体产生有益效果。虽然每个行业的专利对应的有益效果的差异性很大，但可以大致理解成“多快好省”。例如，在互联网上实现更多内容下载和功能触发；提升生产效率，让用户更快完成工作；对环境、社会和个体有利；节约社会财富和个人精力等。

以人机交互为例，强调人和机器的互动，强调“多快好省”，可以有如下表现（这里列举几个应用在新能源汽车行业的人机交互专利，方便大家理解什么是“多快好省”的有益效果）。

- 新能源汽车的快捷午休模式。用户只需要点击一个按钮，系统就会自动打开多个功能，包含打开车辆香氛、放平座椅、降低音量、锁定车门等。这件专利主要提供一种能力，就是在让用户更加省力的前提下，更快地实现更多的功能。
- 通过识别用户上车意图来实现车辆预加载。只要用户靠近，系统识别之后，就能提前启动复杂软件系统，让用户一打开车门，就可以看见系统已开机，避免用户等待。
- 系统识别驾驶员的心理和生理状态从而启动保护措施。一旦用户出现怒路症或者疲劳驾驶达到一定等级，车辆就会主动接管或者干预驾驶行为，避免驾驶员陷入危险状态，这是对个体和社会更有益的效果。

- 识别道路曲率帮助用户调整方向盘。在用户将车辆驶入弯道之后，车辆会实时识别前方道路曲率和当前行驶速度，如果此时用户方向盘转动的力度不足，导致车辆无法过弯，车辆会主动帮助用户完成这个拐弯操作，这就是机器帮助用户更加省力地完成事情的表现。

专利需要对整个社会、环境和个体产生多快好省的有益效果。这不仅是我们撰写专利说明书的要求，也是我们进行发明创造的核心价值。当然，任何事情都有两面性，专利也会有其负面作用，或被人利用产生负面用途。所以，如果一件专利的负面作用远远大于其有益效果，那它就不应该被当作专利来申请，也不会得到法律的保护。

2.2.3　发明专利保护的客体

通过上面的描述，我们知道了发明是技术方案。同时，发明专利保护的、技术方案作用的客体，应当是产品、方法及其改进。所以，我们可以将发明专利保护的客体，扩展成以下 4 种类型。

- 发明是对产品提出的技术方案。这里的产品是狭义上的硬件产品，是我们可以摸得到、看得见的实物。所以，对产品提出的技术方案的技术特征可以是产品组织部分（如零件、部件、材料、器具、设备、装置）的形状、结构、成分等。
- 发明是对产品改进提出的技术方案。全球涉及全新产品的专利申请非常少，绝大多数是对现有产品的改进。例如，全新的手机专利非常少，更多的手机专利是对手机的某部分或者其制造过程进行优化和调整。
- 发明是对方法提出的技术方案。这里的方法，相对产品是无形的，尤其随着当前计算机技术和信息技术的高速发展，大量创新发生在软件系统与硬件系统之间、软件系统与软件系统之间以及人和软硬件系统之间。所以，对方法提出的技术方案的技术特征，可以是工艺、步骤、过程以及所采用的原料、设备、工具等。
- 发明是对方法改进提出的技术方案。与产品改进相同，绝大部分方法改进相关的专利，也是对原有方法的改进。例如，自适应路况的远光灯。本来车辆就支持用户交替使用远光灯和近光灯，现在系统可以通过光线传感器识别前方路面状况，自动切换远光灯和近光灯。这个发明就是对原有使用方法的改进。

微创新、微改进才是发明专利的常态。很多人会觉得专利离自己很远，那是因为他们认为只有全新的产品和方法才能申请专利。然而，大量的申请案例表明，一些技术方案只是改进了原有的产品和方法。我甚至认为，企业层面申请的大部分专利，本身就承载着渐进式创新和微创新，而那些具有颠覆性的发明创造往往来自基础理论研究。

2.2.4 发明必须是新的

发明，本身就具有创新的含义。《专利法》的第二十二条规定，授予专利权的发明和实用新型，应当具备新颖性、创造性和实用性。而对于“新”的定义也很简单，更早提交、更早申请，就意味着更加符合新颖性条件。

当然，提倡专利的新颖性，也会带来问题。例如，我用某个制造方法制造了某种产品，但是没有申请专利，后来有人申请了这件专利，那么我算侵权吗？如果在无法确定恶意申请的前提下，从《专利法》第七十五条第二点，我可以找到司法解释：在专利申请日前已经制造相同产品、使用相同方法或者已经作好制造、使用的必要准备，并且仅在原有范围内继续制造、使用的，不视为侵犯专利权。也就是说，只要我不扩展这个制造方法的范围，就不算侵权。

虽然要求专利必须是新的，但《专利法》更多是用来保护实际生产中的创新的，应避免为了专利权的新颖性，而恶意注册和申请专利权，尤其是抢注现有产品的专利权。

最后，我们回顾一下《专利法》对发明的定义：发明，是指对产品、方法或者其改进所提出的新的技术方案。其核心含义如下：

- 发明是一种技术方案，它符合自然规律且使用技术手段来达到效果，同时对社会、个体是有益的；
- 发明保护的客体，可以是产品，也可以是方法，更多的是对产品或者方法的改进；
- 发明必须是新的，具备新颖性。

2.3 实用新型专利

> 实用新型，是指对产品的形状、构造或者其结合所提出的适于实用的新的技术方案。

这是来自《专利法》的定义。同样，我将结合《专利法》《中国专利法详解》《专利审查指南 2010》，通俗地解释实用新型专利的定义。

2.3.1 实用新型是技术方案

去掉所有的定语之后，我们同样可以得到定义：**实用新型（专利），是技术方案。**

这是和发明专利一样的定义。在有些场合，实用新型专利也被叫作小发明专利。所以，从本质上来理解，发明专利和实用新型专利确实有着千丝万缕的联系。技术方案是两者相同的部分，结合 2.2 节对技术方案的阐述，可以知道实用新型同样需要符合自然规律且使用技术手段解决问题；同时，所申请的实用新型专利，也必须对社会、环境或者个体是有益的。

2.3.2 实用新型专利保护的客体

保护客体的不同，是实用新型专利和发明专利之间最大的不同。

一方面，所有方法类专利和方法改进类专利，都无法申请实用新型专利。这就意味着，信息时代所有的软件之间、人和软件之间的交互，都无法申请该类型的专利，这也是 IT 从业人员以申请发明专利为主的原因。以阿里巴巴为例，截至 2023 年 3 月底，该公司在中国累计拥有 14 016 件发明申请，4517 件发明专利授权，却只有 232 件实用新型专利授权，在授权数量上，发明专利是实用新型专利的约 20 倍。

另一方面，产品类专利中只有形状创新、构造创新或者这两者创新的结合，才能申请实用新型专利。这也意味着，只有硬件产品的形状、构造上的创新可以申请实用新型专利。硬件产品的其他特征（如产品的材料、器具和成分等）上的创新，可以申请发明专利，但是无法申请实用新型专利。可以理解成，在保护客体的范围中，实用新型专利的保护客体范围是发明专利的一个分支或者一个子集。当然，不是说所有的实用新型专利都可以成功申请发明专利，因为除了保护客体范围，申请成功的要素还包含很多，如创造性（发明专利会比实用新型专利要求有更高的创造性）。

产品的形状和构造的定义如下。

- 产品的形状是指产品所具有的、可以从外部观察到的确定的空间形状。所以，无确定形状的产品，例如气态、液态、粉末状、颗粒状的物质或者材料，是无法申请实用新型专利的。
- 产品的构造是指产品各个组成部分的安排、组织和相互关系。常见的构造类型有机械结构、线路结构。但是物质或者材料的微观结构，是不可以申请实用新型专利的，例如物质的原子结构、分子结构，材料的组分、金相结构等。

2.3.3 实用新型的实用与新

和发明专利一样，所提出的实用新型专利的技术方案，应当是“新的”；同时，《专利法》中对实用新型的定义特意加入了“实用的”。

这两个概念，与专利权授予要求具备的3个特征是相互关联的，例如，“新的”可以对应“新颖性”，“实用的”可以对应“实用性”。根据《中国专利法详解》的观点，虽然在定义实用新型专利的法律条款上出现了这两个词，但并不意味着这个条款就包含新颖性和实用性的要求，它们只不过可以对应这两个词而已，舍去它们将无法使该定义与“实用新型”衔接、挂钩。

这是非常严谨的法律解释，而对发明人而言，出于简单理解的目的，可以在撰写之初，就把这两个特性（新颖性和实用性）融入专利申请中。

2.3.4 实用新型专利与发明专利的审查和批准流程不同

在《专利法》中，涉及实用新型专利审查和批准流程的只有第四章的第四十条和第四十一条。其中，第四十条内容如下。

> 实用新型和外观设计专利申请经初步审查没有发现驳回理由的，由国务院专利行政部门作出授予实用新型专利权或者外观设计专利权的决定，发给相应的专

利证书，同时予以登记和公告。实用新型专利权和外观设计专利权自公告之日起生效。

简单来说，实用新型专利和外观设计专利，只要通过初步审查，就可以获得专利批准，其申请速度会比发明专利的快很多。

而在《专利法》中，涉及发明专利审查流程的条款是第四章的第三十四条、第三十五条、第三十六条、第三十七条、第三十八条、第三十九条以及第四十一条，涉及内容包括专利初审、专利实质审查、国外专利的实质审查、答复专利行政部门的陈述意见、驳回条件、授权条件以及驳回后不服的复审申请和行政起诉权利。

对比这两个流程，我们可以发现发明专利比实用新型专利更难获得；此外，发明专利的有效时间为 20 年，而实用新型专利的有效时间为 10 年。所以，申请人可以根据自己的需求和预算，确定不同的申请主体。

当然，同一个人可以对同一个发明创造，同时申请实用新型专利和发明专利，如果可以申请实用新型专利且专利尚未终止，此时只要放弃这个专利权，可以授予发明专利权。具体可见《专利法》的第一章第九条，具体内容如下。

同样的发明创造只能授予一项专利权。但是，同一申请人同日对同样的发明创造既申请实用新型专利又申请发明专利，先获得的实用新型专利权尚未终止，且申请人声明放弃该实用新型专利权的，可以授予发明专利权。

两个以上的申请人分别就同样的发明创造申请专利的，专利权授予最先申请的人。

简单来说，假设有人对同一个发明创造，分别申请实用新型专利和发明专利。如果授予了实用新型专利权，同时其发明也符合审查要求，则需要先放弃已经拿到手的实用新型专利权，才能获得发明专利权。

2.4 外观设计专利

外观设计，是指对产品的整体或者局部的形状、图案或者其结合以及色彩与形状、图案的结合所作出的富有美感并适于工业应用的新设计。

这是来自《专利法》的定义，非常抽象，概括性极强。同样，我将结合《专利法》《中国专利法详解》《专利审查指南 2010》以及个人的理解，通俗地解释外观设计专利的定义。

2.4.1 外观设计是适于工业应用的新设计

去掉部分定语之后，我们同样可以得到定义：**外观设计（专利），是适于工业应用的新设计。**

外观设计专利是新设计，而且是适于工业应用的新设计。对于“新设计”，就不再重复介绍了，和之前发明专利和实用新型专利的“新”的概念是一样的。接下来，重点分析什么是“适于工业应用的”。

我们可以将这句话理解成两个层面的意思：第一，必须是对产品外观做出的设计方案；第二，必须是能够在工业上应用的设计方案。

对产品外观做出的设计方案，是指该设计方案应当附着在产品上。例如，木纹、鹅卵石花纹等自然形状，就无法被授予专利权；在墙壁上的自由涂鸦也无法申请外观设计专利，因为涂鸦是人为加上去的，不是墙这个产品自带的，所以这个设计方案不算附着在产品上。同时，手绘、书法等虽然可以以墙或者纸张为载体，但是根据条款很难认定其为产品，因而无法申请外观设计专利。不过，如果厂商生产了一个自带固定图形的砖墙，图形本身就是墙的一部分时，就可以申请外观设计专利了。

能够在工业上应用的设计方案，是指采用该设计方案的产品应当能够以工业方式成批制造。例如，手工制作的青花瓷就无法申请外观设计专利，虽然青花瓷表面的纹理附着在产品上，但是每个手工制作的青花瓷在制作和烧制过程中，会产生不同的形状和纹理，也就无法以工业方式成批制造。

2.4.2 外观设计的构成要素

根据《中国专利法详解》的解释，产品的形状是指产品的外表轮廓；产品的图案是指通过线条、色块、文字、符号的排列组合而在产品表面形成的图形；产品的色彩是指产品表面的颜色或者颜色组合。

需要注意的是：第一，上述 3 种要素都必须体现在产品的外表，而不能体现在产品的不能从外部观察到的内部结构上，例如一台电视机内部的零部件排列方式不能申请外观设计专利；第二，产品的形状以及产品的图案、色彩应当是通过人眼能够观察到的，而不是只有通过特定的仪器或者设备才能观察到的，例如只有显微镜才能观察到的形状、图形，只有通过紫外线照射才能显现出来的图形、色彩等。

1985 年制定的《专利法实施细则》第二条规定：

> 专利法所称的外观设计是指对产品的形状、图案、色彩或者其结合所作出的富有美感并适于工业上应用的新设计。

根据这一定义，外观设计可以分别由产品的形状、图案、色彩单独构成，也可以由三者的相互结合构成。从实施《专利法》以来的实际情况来看，产品的形状和图案都可以分别单独构成可申请外观设计专利的设计方案，但是色彩却难以单独构成可申请外观设计专利的设计方案，它需要与形状或者图案结合起来，才能构成可申请外观设计专利的设计方案。基于这一原因，2001 年修改《专利法实施细则》时，对外观设计的定义进行了修改。

从发明人角度出发，可以简单总结一下：外观设计专利就是应用在产品表面且肉眼可见的，由形状或图案或色彩组合而成的设计方案。

2.4.3　外观设计专利需要具有美感

"美感"是一种心理感受，每个人对同样的事物，有着不同的美学感知，甚至同一个人在人生的不同阶段，对同一事物都会有不同的美学感知。所以，外观设计专利需要具有美感，是一种定性的认知，而不是一种定量的标准。这一点在《中国专利法详解》中有更加详细的解释。

> 专利法规定"富有美感"的主要意图，在于将外观设计专利保护客体的属性与发明专利和实用新型专利保护客体的属性区分开来，表明前者保护的是一种使人产生视觉感受的设计方案。

但是，从我国自 1985 年实施《专利法》以来实际采用的判断标准来看，从来没有要求在对外观设计专利申请进行初步审查的过程中，审视外观设计方案需要美到什么程度；也从来没有以一项外观设计"不够美""不好看""很难看"之类的理由，驳回一份外观设计专利申请。

换言之，国家知识产权局对外观设计是否“富有美感”只进行定性判断，而不进行定量判断。所以，在了解这些信息之后，作为外观设计专利的申请人，不需要纠结主观上的外观设计好看与否，只需要将精力集中在如何清晰表达外观设计的构成要素，以及它能否应用在工业产品上即可。

2.5 通过 PCT 向国外申请专利

《专利法》第十九条的规定如下

> 任何单位或者个人将在中国完成的发明或者实用新型向外国申请专利的，应当事先报经国务院专利行政部门进行保密审查。保密审查的程序、期限等按照国务院的规定执行。
>
> 中国单位或者个人可以根据中华人民共和国参加的有关国际条约提出专利国际申请。申请人提出专利国际申请的，应当遵守前款规定。
>
> 国务院专利行政部门依照中华人民共和国参加的有关国际条约、本法和国务院有关规定处理专利国际申请。
>
> 对违反本条第一款规定向外国申请专利的发明或者实用新型，在中国申请专利的，不授予专利权。

值得我们注意的是：第一款和第四款，要求所有在中国完成的专利，必须通过保密审查之后，才可以按照正常程序申请国外专利；第二款和第三款，则向发明人展示了向国外申请专利时，应该在中国完成的申请流程。其中提到的“有关国际条约”主要是指 PCT（Patent Cooperation Treaty，专利合作条约）。接下来，我们就从 PCT 入手，了解如何向国外申请专利。

2.5.1 申请国外专利的复杂性和 PCT 解法

每个国家的专利法都不相同，导致申请国外专利十分复杂，主要体现在以下 3 点。

第一，各国或者地区的专利法内容不同，且只能在当地执行。

每个国家的专利法内容不同，要求保护的内容自然也不同。例如，与世界上很多国家不一样，20 世纪 70 年代末的印度是不承认药物的专利权的，这也导致其成为世界上最大的合法仿制药生产国家。简单地说，西方国家昂贵药品一经上市，印度制药企业在本国专利法保护下就可以仿制同类产品，在电影《我不是药神》中提到的印度“神药”“格列宁”，就是典型的仿制药。

据相关新闻报道，虽然 2005 年，印度才开始恢复药品专利保护，但是只对 1995 年以后发明的新药或经改进后能大幅度提高疗效的药物提供专利保护，而不支持原有药物混合或衍生药物专利；同时，印度政府可根据需要实施“强制许可”，这为一些特殊药品的仿制，留下了操作空间。简单来说，“专利强制许可”制度就是，在特殊情况下，政府可以不经专利权人同意，直接使用该件专利。

同时，每个国家或地区的专利法，只能对发生在当地的侵权行为进行法律诉讼。例如，我生产的产品在中国售卖，此时你提前在中国申请相关专利，则可以认为我有侵权行为，可以在中国完成专利诉讼；但是，如果我在美国售卖，那你就无法用在中国获得的专利权来进行维权，除非你在美国也申请了相关的专利。

第二，流程不同，导致申请成本非常高。

在各国或者地区申请的专利，都是使用当地的语言撰写的，例如，在中国用中文，在美国用英文，在德国用德文。这就导致不同发明人在检索和维权上的成本非常高。另外，即使发明人在中国完成专利申请，但是他很难在各个国家或地区完成检索和比对来确定是否能申请当地的专利权，因为这所耗费的时间和人力成本巨大。

同时，每个国家的申请流程和要求也不相同，这进一步提升了国外专利的申请成本。

第三，优先权难以确定。

同样的专利申请，如果发生在相同的时间，就会非常难确定谁获得专利权。例如，你在中国申请了一件专利，由于申请就意味着公开，而我自然可以看到专利的相关细节，于是我拿着该发明内容直接在德国完成了专利申请；如果你的产品远销德国，也准备在德国申请专利，就会发现已经被人申请了。此时，虽然我的专利申请日（德国）迟于你的专利申请日（中国），但是在德国法律体系和当地时间期限里，我却有优先权，因为我在德国更早完成了申请。此时，如果没有一个跨国家和地区的组织来进行鉴定和磋商，那么我大概率会在德国获得该产品的专利权。

在这样多种因素共同作用的结果下，类似国际法的相关条约和制度，就被提出了，并在多个缔约国之间达成了共识，也就是前文提到的 PCT。PCT 的具体含义如下：

> The Patent Cooperation Treaty(PCT)assists applicants in seeking patent protection internationally for their inventions, helps patent offices with their patent granting decisions, and facilitates public access to a wealth of technical information relating to those inventions.（PCT 帮助申请人在国际上为其发明寻求专利保护，帮助专利局做出专利授予决定，并促进公众获得与这些发明相关的大量技术信息。）

《保护工业产权巴黎公约》（Paris Convention for the Protection of Industrial Property，简称《巴黎公约》）规定了国民待遇原则、优先权原则等有利于发明人在世界各国申请获得专利的制度，但同时规定了专利独立原则，发明人要想就同一个发明创造在多个成员国获得专利保护，就必须逐一在各成员国提出专利申请。为了规避这种逐一且重复申请带来的大量成本消耗，在 1966 年巴黎联盟执行委员会会议上，美国提议签订一个在专利申请的受理和初步审查方面进行国际合作的条约。根据这一提议，经充分协商准备，1970 年 5 月在华盛顿召开的《巴黎公约》成员国外交会议缔结了 PCT。现在，PCT 已经成为各国发明人向不同国家申请专利的主要途径。

PCT 于 1970 年 6 月 19 日在华盛顿签署，1978 年 1 月生效；我国于 1994 年 1 月 1 日加入 PCT，同时我国的国家知识产权局为受理局、国际检索单位和国际初步审查单位。截至 2022 年年底，PCT 成为一份拥有超过 155 个缔约国的国际条约。

2.5.2 PCT 流程概览

WIPO（World Intellectual Property Organization，世界知识产权组织）官网提供的“专利合作条约常见问题解答”中记录了 PCT 的完成流程，具体如图 2.1 所示。

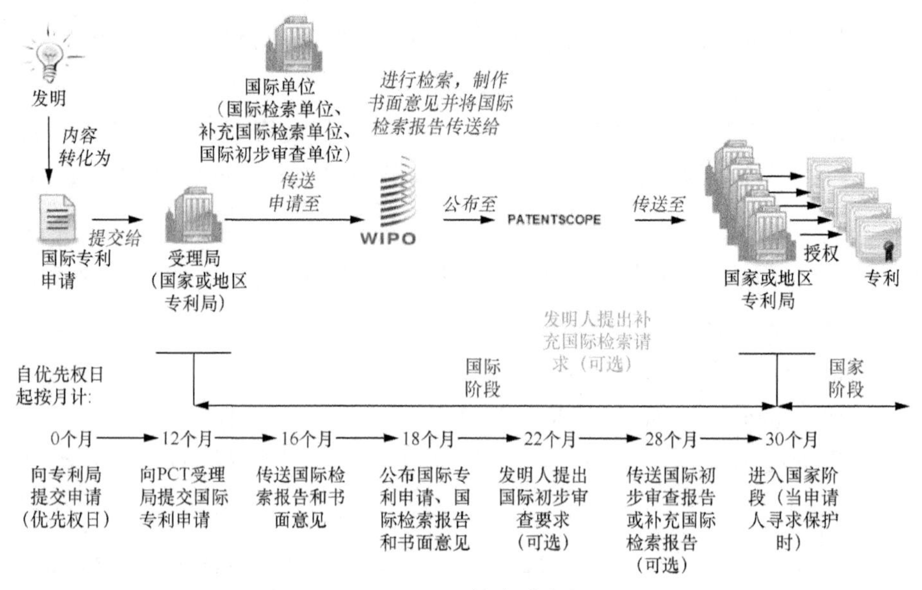

图 2.1 PCT 的完成流程

通过 PCT，发明人只需提交一份国际专利申请（不是分别提交多个不同国家或地区的专利申请），即可请求在为数众多的国家或地区中同时对其发明创造进行专利保护。专利权的授予仍由各国家或地区专利局负责，这称为“国家阶段”。PCT 必要程序如下。

- 提交申请：申请人以一种语言，向一个国家或地区专利局或者 WIPO 提交一份满足 PCT 形式要求的国际专利申请，并缴纳一组费用。
- 国际检索：由国际检索单位（International Searching Authority，ISA）（世界主要专利局之一）检索可影响发明专利性的已公布专利文献和技术文献“现有技术”，并对发明的可专利性提出书面意见。
- 国际公布：国际专利申请中的内容将自最早申请日起 18 个月届满之后尽早公之于众。
- 国家阶段：在 PCT 程序结束后，通常在发明人提出优先权要求的首次申请的最早申请日起 30 个月后，发明人开始直接向希望获得专利的国家或地区专利局寻求专利授权。

2.5.3 PCT 的好处

在 WIPO 官网中，有论述 PCT 体系对发明人、专利局和普通公众的诸多好处的文章，我选取了其中相对具有代表性的一部分在这里进行展示。

- 留足时间，判断在哪些国家申请专利。使用 PCT 之后，发明人可以多获得长达 18 个月的时间，来考虑是否值得在国外寻求保护、在各国聘请当地专利代理人、准备必要的译文并缴纳相关费用；此时，值得注意的是，一旦启动 PCT 申请，提交国际申请那天就是优先权日，专利的保护周期可以从提交国际申请那天就开始计算。
- 减少国外重复审查工作。国际申请附具的国际检索报告、书面意见以及国际初步审查报告可以显著减少国家阶段各专利局的检索和审查工作。这就意味着，启动 PCT 申请之后，会有专门的国际单位对该发明创造进行全球范围内的专利检索，并给出书面意见，成员国的指定局（国外的知识产权局）是认可这些工作的；同时，发明人也可以和国际审查员通过对话进行充分辩解，从而优化在指定局的申请策略。
- 提前进行商业许可宣传。对发明人而言，在线国际公布能让发明创造为全世界所了解。发明人还可通过 PATENTSCOPE 表明签订许可协议的意愿，这是对发明创造进行宣传和寻找潜在被许可人的有效途径。
- 避免重复申请。发明人还可以节约用于文件准备、通信和翻译等方面的费用，因为国际阶段所完成的工作在各国家或地区专利局一般不再重复（例如，申请人只需提供一份优先权文件副本，而无须提供多份副本）。
- 提前结束流程，避免损失。如果发明人的发明在国际阶段结束时看起来无法获得专利，那么发明人可以放弃 PCT 申请，从而节省在各国聘请当地专利代理人、准备必要的译文和缴纳国家费用等方面的花费。

2.5.4　费用

申请 PCT 通常需要在提交国际申请时缴纳 3 类费用：

- 1330 瑞士法郎的国际申请费；
- 150～2000 瑞士法郎不等的检索费（具体取决于所选国际检索单位）；
- 一小笔传送费，具体金额取决于当地受理局。

对发明人而言，自己完成 PCT 也是具有一定难度的，所以一般是找代理机构帮忙完成的。我咨询的相关机构，完成一件专利 PCT 申请的所有流程和服务，拿到对应的检索报告和意见，费用在 16 500 元起，和上述官网费用差不多。

此外，完成国际阶段的费用缴纳之后，进入国家阶段的费用缴纳，这是整个授权成本的主要部分，会包含当地申请费、代理费用、发明人奖励以及授权之后的年费等。以美国专利为例，通过中国的代理机构在当地申请一件专利需支付的申请费用和代理费用约为 15 500 元（参考值）。专利授权之后，根据不同的企业规模，收取不同的年费。美国专利维护年费概览如表 2.1 所示。

表 2.1 美国专利维护年费

费用名称	大实体（美元）	小实体（美元）	微实体（美元）
3.5 年年费	2000	1000	500
7.5 年年费	3760	1880	940
11.5 年年费	7700	3850	1925

2.5.5 其他问题

作为发明人，即使了解 PCT 的完成流程，也很难自己向国外申请专利，因为有些国家规定，国外发明人无法在当地直接申请专利，必须由当地代理机构提交申请。所以，本节主要是帮助发明人了解 PCT 整体运作流程，PCT 相关信息来源于 WIPO 官网。如果你有兴趣了解更多相关内容，可以自行搜索“专利合作条约常见问题解答”进行扩展阅读。

第 3 章　看懂一个发明专利

在第 2 章，我们了解了发明创造的定义以及分类，对其历史也有了宏观的认识。在本章，我们将聚焦每一个发明创造的构成，并进行细节性的研究。同时，为了让你能够更深入地了解发明创造，我将选择非常难懂的发明专利作为案例进行分析。

经过本章的学习，希望你能具备初步的阅读专利的能力，更重要的是具有阅读专利的勇气，不至于面对晦涩难懂的文书止步不前。

3.1　解构发明专利

专利具有固定的结构和相对晦涩难懂的文书，这导致发明人如果没有阅读专利的经验，将很难看懂里面的“门道”。在这一部分，我将引用一些《专利法》《中国专利法详解》《专利审查指南 2010》里的内容，并结合我的实际经验，为你一一解释发明专利里的内容。

一个发明专利主要由请求书、说明书、说明书摘要和权利要求书 4 部分组成。

3.2　请求书

请求书在一般情况下是由代理机构代为上传的，最后它会被投射到专利上，成为其中的一部分，主要包括发明人姓名、申请人姓名或者名称、地址等信息。

3.2.1　请求书的构成

请求书是申请人表达其请求授予专利权愿望的文件，国家知识产权局设计了专门的请求书表格，申请人只需根据其希望获得的专利权的类型，按照要求填写"发明专利请求书"或者"实用新型专利请求书"表格，并将其提交给国家知识产权局，就被认为表达了请求授予发明或者实用新型专利权的愿望。

2010 年修改后的《专利法实施细则》第十六条统一规定了 3 种专利申请的请求书应当写明的事项，即发明、实用新型或者外观设计专利申请的请求书应当写明下列事项：

> （一）发明、实用新型或者外观设计的名称；
>
> （二）申请人是中国单位或者个人的，其名称或者姓名、地址、邮政编码、组织机构代码或者居民身份证件号码；申请人是外国人、外国企业或者外国其他组织的，其姓名或者名称、国籍或者注册的国家或者地区；
>
> （三）发明人或者设计人的姓名；
>
> （四）申请人委托专利代理机构的，受托机构的名称、机构代码以及该机构指定的专利代理人的姓名、执业证号码、联系电话；
>
> （五）要求优先权的，申请人第一次提出专利申请（以下简称在先申请）的申请日、申请号以及原受理机构的名称；
>
> （六）申请人或者专利代理机构的签字或者盖章；
>
> （七）申请文件清单；
>
> （八）附加文件清单；
>
> （九）其他需要写明的有关事项。

对发明人而言，只要配合代理机构完成内容填写即可。当然，在填写过程中，可能你会产生一些疑问，问题主要集中在发明人、申请人的排序和分配上，具体如下。

■　专利完成后可以把第一发明人让给他人吗？

■　非职务发明的申请人可以不写公司吗？

■ 团队多人写了专利，如何分配署名权的顺序，以及如何分配经济收益？

3.2.2 申请人和发明人有何不同

大量的发明创造，都是职务类发明。这就带来一个问题：在考虑个人创造积极性和组织利益的前提下，发明的物质权利和精神权利应该如何分配？对于发明人，尤其关心的以署名权为主的精神权利，应该受到何种程度的保护。

《巴黎公约》的第四条之三明确规定，发明人有在专利中被记载为发明人的权利。如何实现这一规定，由各成员国自主确定。在这一点上，各国的立法大致分为两种。美国和日本的专利法规定，对任何发明，申请专利的权利都属于发明人，因此提交专利申请时必须在申请文件的申请人栏目中写明发明人的姓名，有受让人的再在受让人栏目中写明受让人的名称或者姓名。这样，发明人的姓名就必然会在专利文件上出现。而大多数国家专利法采用的是另一种做法，即规定对职务发明而言，申请专利的权利属于发明人所在单位。采取这种做法，提交专利申请时在申请文件的申请人栏目中写明的是发明人所在单位，而不是发明人，因此就需要在专利申请文件中单设一个栏目，用于写明发明人的姓名，这样才能确保发明人的姓名在专利文件中出现。

也就是说，在我国会有申请人和发明人两个角色，同时会根据发明创造是否与职务相关进行具体的定义，保障多方权益。

（1）**就职务发明而言，申请人可能是公司（高校），发明人是员工（教职工）。** 在公司注册的所有专利，其申请（专利权）人都是公司，而发明人是员工个体。前者意味着公司拥有这件专利所有的经济和法律权利；后者意味着员工可以在这件专利上署名（可以理解成一定意义上的署名权，这是员工的人身权）。所以，从这里可以看出，本质上公司是通过劳务支出，以及可能有的专利受理和授权奖金，来买断员工的知识产权。

"我觉得这个工作中的创意很好，可以等到我离职了再申请"，但这在实际操作过程中其实是不可行的，甚至存在违法的风险。很多公司的离职须知文件里，都会非常清晰地表达并要求员工签署以下条款：在员工离职后一年之内，如果有和原来工作相关的知识产权产出（专利等），都应该归属于原公司。这些条款是得到国家行政部门支持的，如果原公司一旦发现并起诉，员工是很容易败诉的。所以，对于职务发明，我们应该遵循法律条款，积极通过公司渠道进行申请和注册，保障自己和公司的权益。

（2）**就非职务发明而言，申请人与发明人都是个人。**非职务发明其实和公司没有关系，所以申请人和发明人都是个人。但是，进行非职务发明的申请其实存在很多的现实压力，所以《专利法》第七条特意强调，对发明人或者设计人的非职务发明专利申请，任何单位或者个人不得压制。

根据《专利法》第六条的规定，就非职务发明而言，申请专利的权利属于发明人或者设计人；申请被批准后，该发明人或者设计人为专利权人。这表明，非职务发明完成以后，是否申请专利、何时申请专利、申请何种专利，应当由发明人或者设计人自主确定，任何人无权予以干涉。

3.2.3 发明人的署名权是受法律保护的

专利权对发明人而言，有两个主要权利，一个是物质权利，主要以经济收益为主；另一个是精神权利，主要以署名权为主。在各国的专利法中，都有明文条款来保护发明人的利益，推崇发明人的创造性劳动，为其扬名。

《专利法》第十五条规定：*被授予专利权的单位应当对职务发明创造的发明人或者设计人给予奖励；发明创造专利实施后，根据其推广应用的范围和取得的经济效益，对发明人或设计人给予合理的报酬。*这是对发明人、设计人提供的物质回报。而《专利法》第十六条规定了发明人或设计人的署名权，这是对发明人、设计人的精神回报。这两条法律条款就是落实《专利法》第一条的立法目的的必要措施。

当然，在实际发明创造中，尤其是职务发明，我见到过一些情况，例如，被要求增加他人的名字，甚至要求将第一发明人更改为他人。如果他们对整个发明是有贡献的，则无可厚非。但有些加名字的情况，往往是来自压力而不是创造贡献。从法律精神上理解，这是在削弱发明人的署名权，并打击发明创造的热情，我们是可以拒绝这些行为的。但是，由于职务发明的各种因素，以及对个人的各种影响，同时取证难度较大、诉讼成本较高，发明人可能会默默接受这些行为。改善这一情况需要整个社会提升对署名权的重视，以及对维权意愿和条件的保护。主要发明人成为第一发明人或第二发明人应该是整件专利申请署名权的底线，是每个发明人个体应该抗争的底线。

3.2.4 发明人顺序

在公司申请的专利，其所有权归属是非常清楚的，但是作为发明人，我们其实可以掌握发明人排序。而发明人顺序存在非常大的价值。

在很多职称、荣誉的评比上，专利的第一发明人、第二发明人、第三发明人，往往会获得更高的认同值和加分，而排在第三发明人后面的人，大部分是这个创意的参与者，或其他相关人员。所以，对专利的主要发明人而言，我们需要非常清楚这个顺序的意义，并把核心成员安排在前 3 位。同样，奖金的分配一般也和发明人顺序正相关，也就是说排名更靠前的发明人，可以收获更多奖金。

3.3 说明书

说明书是发明人公开其发明或者实用新型专利的文件。从字面上简单理解，该文件就是该件专利的使用说明书。就像一个微波炉的使用说明书一样，所属领域的技术人员，通过这份说明书记载的内容，无须额外的创造性劳动，就能复现技术方案并达到预期的结果。同时，说明书也是专利审查授权和侵权认定最重要的载体，所以，我们可以将说明书的作用总结为以下 3 个。

第一，从使用的角度来看，用公开来换取独占。发明人在说明书里，充分公开这个发明创造的前因后果，例如要解决什么问题、现有解决方案有哪些不足、如何用新的技术方案解决问题、可以达到何种效果等，让所属领域的技术人员知其然且知其所以然。同时，作为充分公开发明创造的回报，发明人可以在一定时间周期内独享专利带来的物质和精神回报。这是一种三方共赢的局面，发明人通过专利获得收益；其他技术人员通过专利习得当前技术发展阶段，避免重复创新；社会通过专利，既激发了发明人的工作热情，也促使社会的技术能力向前进步。

第二，从审查的角度来看，更容易获得授权。虽然专利会根据不同的技术主题，分配到不同的审查部门，以提升专利审查的专业性，但是人为审查本身，存在很大的主观性。一份非常清楚的说明书，可以让审查人员理解发明创造，从而依据其是否具备新颖性、创造性和实用性，做出是否授权的判定。而一份晦涩难懂、文书不全的说明书，不仅会来回牵扯多方，造成社会资源的浪费，而且还可能让审查人员产生很多误判。

第三，从侵权的角度来看，更容易避免纠纷。说明书是权利要求书的基础和说明，在专利权被授予之后，其他技术人员可以比对自己的技术方案和专利的异同点，避免自己侵权，造成不必要的经济和名誉损失；同时，在发生侵权纠纷之后，说明书以及附图可以有效说明权利要求书的范围，从而确定保护范围，促使双方达成共识。

在了解了说明书的重要性之后，我将通过案例来具体分析说明书的组成部分。

3.3.1 技术领域

技术领域部分应当写明发明或者实用新型归属或者应用的具体技术领域。例如：

> [0001]本说明书实施例涉及数据处理领域，具体地，涉及一种界面切换方法及装置。

3.3.2 背景技术

背景技术部分主要就解决的问题进行阐述，说明现有技术存在的问题和不足，以及给人们带来的困难，为后面的解决方法做好铺垫，可以把这部分叫作发明创造的前因。如果你阅读的是一件专利，就可以从这里了解该发明创造的背景和具体的场景，这非常具有启发性。例如：

> [0002]在移动设备中，同一个界面可能会被多个用户查看，而不同用户关注的焦点不同，各用户往往很难在界面中快速定位到其所关注的信息。目前，在设计界面时，为了使与界面相关的主要角色可以快速定位到其所关注的信息，会突出显示这部分信息，而其他用户所关注的信息相对来说被弱化，这样就导致其他相关用户查看同一界面时，无法快速定位到其所关注的信息。
>
> [0003]因此，需要一种合理的方案，可以使不同用户从界面中快速、准确地定位到各自关注的焦点信息。

3.3.3 发明内容

发明内容部分主要阐明解决这个问题的技术方案，以及技术方案带来的有益效果。其中，解决的问题要和前文提出的问题保持一致，不能顾左右而言他；解决问题的具体技术方案，需要和权利项要求的内容相一致，从而达到补充说明和圈定保护范围的作用；通过这个技术方案达到的有益效果，需要有直观的用户感受和符合逻辑的结果，也需要呼应技术背景提出的问题。例如：

> [0004]本说明书描述了一种界面切换方法，通过改变终端界面的排版，使查看该界面的不同用户可以快速定位到各自关注的信息，从而提升用户体验。
>
> [0005]根据第一方面，提供一种界面切换方法，该方法如下：首先，获取包括交易信息的第一界面，所述第一界面中包括第一交易方关注的第一交易信息和第二交易方关注的第二交易信息，所述第一交易信息和第二交易信息以第一版式排布；然后，展示所述第一界面，以使第一交易方查看所述第一交易信息；接着，当检测到所述客户端所在的设备发生翻转时，获取包括所述交易信息的第二界面，在所述第二界面中，所述第一交易信息和第二交易信息以第二版式排布，其中至少第二交易信息在第二版式中的显示形式与在第一版式中的不同；最后，展示所述第二界面，以使第二交易方查看所述第二交易信息。
>
> [0006]根据一个实施例，其中所述获取包括交易信息的第一界面，包括获取所述交易信息，所述交易信息包括所述第一交易信息和第二交易信息；基于所述第一版式，生成所述第一界面；
>
> ……
>
> [0021]在本说明书实施例披露的界面切换方法中，当检测到终端设备发生翻转时，也就是据此判断出查看终端界面的用户发生变化时，改变界面的排版方式，以使查看同一界面的不同用户，可以快速定位到各自所关注的信息。

3.3.4 附图说明

附图说明部分通过关键的几个示范附图，让人轻松理解技术方案的实现过程。同时需要注意的是，附图需要使用线框图实现；附图只需要表明技术方案的关键示意图，不需要面面俱到；如果没有附图或者没有关键帧的技术方案，可以使用流程图来代替。例如：

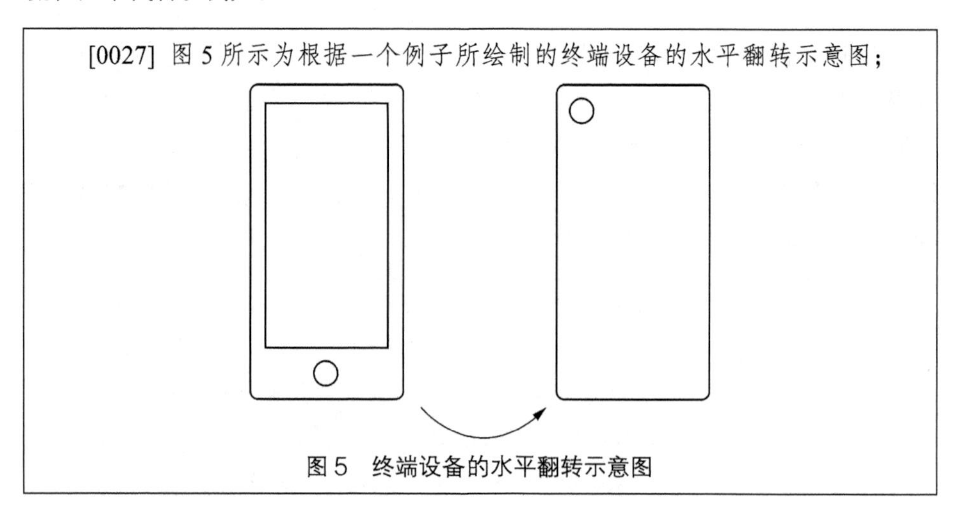

[0027] 图 5 所示为根据一个例子所绘制的终端设备的水平翻转示意图；

图 5　终端设备的水平翻转示意图

3.3.5　具体实施方式

具体实施方式部分需要就技术方案的每个关键步骤进行充分的说明，让该领域的技术人员无须进行额外的创造性劳动，就能实现该发明的技术方案，从而达到预期的结果。这部分也是最像使用说明书的部分。同时，我们可以重点查看这部分，具象地了解专利的实现过程和细节。例如：

> [0033]下面结合附图，对本说明书披露的多个实施例进行描述。本说明书实施例披露的界面切换方法可以应用于移动设备，如手机、平板电脑等。
>
> [0034]在移动设备中，同一个界面可能会被多个用户查看，而不同用户关注的焦点不同。在一个应用场景中，对于支付成功界面，支付方和收款方通常均会对该界面进行查看，因存在支付方的支付金额与收款方的收款金额不相等的情况。例如，当支付方使用支付优惠，如支付平台提供的红包时，支付方实际支付的金额为收款方的收款金额与优惠金额的差值，所以支付成功界面中通常会将支付金额与收款金额分开展示，以使支付方和收款方可以分别查看其所关注的支付金额和收款金额。在另一个应用场景中，对于优惠券的展示界面，消费者关注的是优惠金额或折扣金额，据此对优惠券进行选择与使用，而商户关注的是优惠券的序列号或二维码，以对其进行记录和验证。

[0035]然而，目前在界面设计的过程中，为了使主要角色能够更加直观地查看其所关注的信息，通常会将这部分信息进行突出显示，而弱化其他用户关注的信息，例如，在图 1 所示的支付成功界面中，支付方关心的支付金额被加大、加粗显示，而收款方，即商家，其收款金额被弱化显示。这样，就导致主要角色以外的用户，无法快速定位到其所关注的信息。

[0036]基于以上观察，本说明书实施例提供一种界面切换方法，此方法中包括当检测到终端设备发生翻转时，也就是据此判断出查看终端界面的用户发生变化时，改变界面的排版方式，以使查看同一界面的不同用户，可以快速定位到各自所关注的信息。根据一个具体的例子，支付方通过扫描收款方的收款二维码进行支付，并且支付成功，此时，可以采用本说明书实施例提供的方法，展示图 1 所示的支付成功界面，以使支付方能够直观地看到支付金额；接着，当检测到终端设备发生水平翻转时，将显示界面切换为图 2 所示的支付成功界面，以使收款方能够直观地看到收款金额。下面描述所述方法的具体实施步骤。

……

[0076]本领域技术人员应该可以意识到，在上述一个或多个示例中，本说明书披露的多个实施例所描述的功能可以用硬件、软件、固件或它们的任意组合来实现。当使用软件实现时，可以将这些功能存储在计算机可读介质中或者作为计算机可读介质上的一个或多个指令或代码进行传输。

[0077]以上所述的具体实施方式，对本说明书披露的多个实施例的目的、技术方案和有益效果进行了进一步详细说明，所应理解的是，以上所述仅为本说明书披露的多个实施例的具体实施方式而已，并不用于限定本说明书披露的多个实施例的保护范围，凡在本说明书披露的多个实施例的技术方案的基础之上，所做的任何修改、等同替换、改进等，均应包括在本说明书披露的多个实施例的保护范围之内。

说明书是发明人最佳的灵感池。在前文的论述中，我们更多从发明人的角度出发，看看自己的这个发明创造如何进行说明，才能让其他人更加清楚其前因后果。同时，由于每件专利的说明书都要做到这些，也就意味着我们可以从这些内容中获得绝佳的灵感，刺激自己在不同产品方向进行再创新。

在本书的后半部分，我会建议每个发明人自建一个专属的专利素材库。而这一切就是从筛选和阅读专利背后的说明书开始的。

3.4 说明书摘要

说明书摘要，就是对说明书的简单概述，让其他发明人可以通过阅读摘要中的文字了解本专利的基本内容。一般摘要部分字数不超过 300 字，如果有附图说明，可以挑选一张最有代表性的附图来作为摘要附图。根据《专利法实施细则》第二十三条规定，说明书摘要应当写明发明或者实用新型专利申请所公开内容的概要，即写明发明或者实用新型的名称和所属技术领域，并清楚地反映所要解决的技术问题、解决该问题的技术方案的要点以及主要用途。例如：

本说明书实施例提供一种界面切换方法，该方法的执行主体为客户端。该方法如下：首先，获取包括交易信息的第一界面，此界面中包括第一交易方关注的第一交易信息和第二交易方关注的第二交易信息，且第一交易信息和第二交易信息以第一版式排布；然后，展示第一界面，以使第一交易方查看其关注的第一交易信息；接着，当检测到客户端所在的设备发生翻转时，获取包括交易信息的第二界面，在第二界面中，第一交易信息和第二交易信息以第二版式排布，其中至少第二交易信息在第二版式中的显示形式与在第一版式中不同；最后，展示第二界面，以使第二交易方查看其关注的第二交易信息。

附图 1：

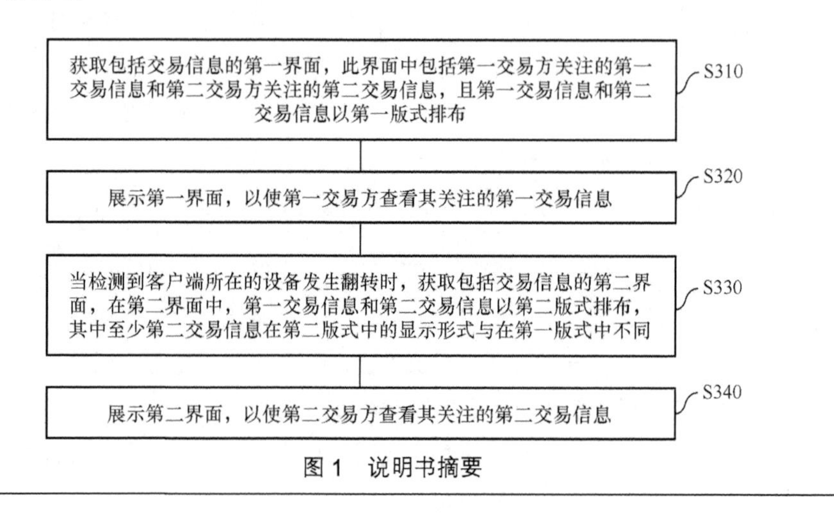

图 1 说明书摘要

3.5 权利要求书

权利要求书应当以说明书为依据，清楚、简要地限定要求专利保护的范围。如果你看过专利的权利要求书，可能会有两个疑问：第一，为什么权利要求书这么难读懂；第二，既然有了说明书，为什么还要有权利要求书。这些问题的背后，其实隐藏着权利要求书的发展过程。

3.5.1 权利要求书的产生以及作用

在建立专利制度初期，专利申请文件和专利文件中都不包括权利要求书，而只包括一个对发明创造的详细说明部分，也就是现在人们所说的专利说明书。在发生专利侵权纠纷时，由法院根据说明书的内容来确定什么是受到法律保护的发明创造。

这种做法，导致侵权判定时的不确定性。说明书更像一个技术方案的使用说明书，可以使当前领域技术人员不用进行额外的创造，按照说明书所述步骤就可以使用该发明创造。这就要求说明书需要非常清楚、完整，但这也给法官在进行侵权判定的时候，带来很大的麻烦和不确定性。法官需要从这些详尽的内容里提取专利的核心，归纳出发明创造的实质和核心所在。然而每个法官的技术总结都不相同，这就直接导致判定的不确定性。很有可能，不同的法官会对同一个案子得出完全不同的判定。

在不断碰撞之后，自然衍生出了权利要求书。在英国、德国等国家的专利制度发展过程中，是专利申请人主动开始写权利要求书，而不是在专利法中有了强制性规定之后才开始这样做的。这是因为许多申请人通过实践感到有必要通过一段文字来专门表述其专利权的保护范围，以表明申请人希望获得多大范围的法律保护。一开始出现的权利要求书十分简单，有时仅写入“要求保护的是如说明书所述的发明及与其等同的方案”，同时在说明书的末尾强调“实现本发明的方式并不限于说明书中记载的实施例，在采用本发明实质性内容的情况下，对本发明做出的种种改进和变化仍然落在权利要求所表达的保护范围之内”。直到今天，在一些专利申请中还能够看到这种表述方式的痕迹。

美国率先在其专利法中明确规定专利申请文件和专利文件中应当包括权利要求书，随后这种做法逐渐为其他国家所采纳。在我国 2020 年最新修正的《专利法》

的第六十四条中规定：发明或者实用新型专利权的保护范围以其权利要求的内容为准，说明书及附图可以用于解释权利要求的内容。

正是这样的实践和制度的相互作用，才有了权利要求书这一项核心产出。但是值得说明的是，权利要求书并非由发明人而写，也并非为发明人而写，它往往由专业的专利代理人完成，主要用于国家知识产权局审查人员进行比对，以及在可能出现的侵权案例中作为司法解释。所以，和绝大部分法律条款相似，对发明人而言，权利要求书是晦涩难懂的。而设置本节的目的，不在于让你搞明白如何撰写权利要求书，而在于“知其所以然”，然后能够和专利代理人进行沟通。就像我们看美食节目，不是为了成为厨师制作美食，而是为了学习如何评鉴。

3.5.2 权利要求书类型和撰写方式

1. 不同类型的专利提供不同类型的保护范围

专利有不同的类型，有些是产品类专利，有些是方法类专利，有些是对这两者改进的专利。对不同类型的专利，其法律保护范围也不同。

一种电动车辆巡航控制方法
一种用于多支路储能系统的多支路功率分配管理装置
一种车道拟合方法
一种用于电动车充换电站的电池温度控制装置
一种传输和作业平台
一种用于车辆的语音识别方法
一种空调系统的控制方法
一种电动车辆的电池更换方法
一种用于估算电动汽车电池包更换的效用的方法
一种车辆前风窗洗涤喷嘴

我在一家新能源汽车公布的发明专利中，随机选取了10件专利的权利要求书的第一句话。我们可以看到，每一份权利要求书要保护的对象都不相同，如方法、装置、平台、更换方法、洗涤喷嘴。

想要明白第一句话的意义，就得回顾发明专利的定义：发明，是指对产品、方法或者其改进所提出的新的技术方案。而权利要求书的第一句话，就需要对这件专利保护的对象进行说明：到底是保护产品，还是保护方法。所以，上述 10 件权利要求书，也就可以分为两大类，其中装置、平台和洗涤喷嘴属于产品类专利，也就是硬件产品；方法、更换方法，自然就属于方法类专利。当然，也有一些方法类专利，在实施过程中要包含具体的物质、材料、设备等实体产品的特征，在这种情况下可以将这类方法归类成产品类专利。

同时，在权利要求书中是不能使用含糊其词的表达方式来定义保护对象的，例如一种即时通信技术、一种汽车生活方式。这样的论述会让人无法区分这件专利的类型。而之所以会在权利要求书的第一句话中，明确保护对象，是因为不同的保护对象意味着不同的保护范围。专利类型和保护范围如表 3.1 所示。

表 3.1 专利类型和保护范围

项目	产品类专利	产品制造方法类专利	方法类专利
保护范围	禁止他人未经专利权人许可而制造、使用、许诺销售、销售、进口其专利产品	禁止他人未经专利权人许可而使用其专利方法，以及使用、许诺销售、销售、进口依照其专利方法所直接获得的产品	禁止他人未经专利权人许可而使用其专利方法

在表 3.1 中，我们可以发现不同专利的保护范围差异性很大，这一点尤其体现在产品类专利在销售环节中的作用上。以车辆前风窗洗涤喷嘴为例，我从个人理解的角度，对这些差异性进行解释。例如以下 3 种情况。

- A 公司申请了一件前风窗洗涤喷嘴的产品类专利，而 B 公司未经许可就将该喷嘴用在自己的车辆上，因为这是车辆的重要部件，所以 A 公司可以要求 B 公司禁售该车型。
- A 公司申请了一件利用冲压工艺制造洗涤喷嘴提升清洁效率的方法类专利，由于目前只有这个工艺可以产生这样的效果，而 B 公司将这个工艺应用到自己的新款车型上，因此 A 公司可以要求禁售该车型。
- A 公司申请了一件通过传感器感应雨水数据从而调节洗涤喷嘴工作效率的方法类专利，同样 B 公司未经许可将该方法用在新款车型上，但 A 公司无法要求禁售 B 公司的侵权车型，只能要求停止使用该方法，甚至 B 公司使用该方法，但是未在销售的产品中激活该功能，A 公司都很难顺利维权。

在定义完保护对象之后，权利要求书中就会出现两大内容主体：独立权利要求、从属权利要求。《专利法实施细则》第二十条规定：

> 权利要求书应当有独立权利要求，也可以有从属权利要求。
>
> 独立权利要求应当从整体上反映发明或者实用新型的技术方案，记载解决技术问题的必要技术特征。
>
> 从属权利要求应当用附加的技术特征，对引用的权利要求作进一步限定。

从上述的法规中，我们可以知道权利要求书里的独立权利要求和从属权利要求，都是反映技术方案的必要特征，所以在整个权利要求书中，不应该记录发明创造的前因后果。

2. 独立权利要求

一个发明专利的独立权利要求如下：

> 1. 一种界面切换方法，执行主体为客户端，所述方法包括：首先，获取包括交易信息的第一界面，所述第一界面中包括第一交易方关注的第一交易信息和第二交易方关注的第二交易信息，所述第一交易信息和第二交易信息以第一版式排布；然后，展示所述第一界面，以使第一交易方查看所述第一交易信息；接着，当检测到所述客户端所在的设备发生翻转时，获取包括所述交易信息的第二界面，在所述第二界面中，所述第一交易信息和第二交易信息以第二版式排布，其中至少第二交易信息在第二版式中的显示形式与在第一版式中不同；最后，展示所述第二界面，以使第二交易方查看所述第二交易信息。

这个独立权利要求主要讲述了在消费者使用优惠券完成线下支付之后，随着消费者翻转手机，可以实现不同的界面排版和内容显示，让消费者可以看到优惠后的支付金额，而商户可以看到优惠前的完整金额。在这个案例中，可以看到独立权利要求由两部分构成，这两部分分别叫作前序部分和特征部分。前序部分主要写明发明或者实用新型的名称，以及发明或者实用新型的技术方案与一份最为接近的现有技术所共有的必要技术特征，同时定义保护对象类型（产品类或者方法类）。在这个案例中的格式如下：

> 1．一种界面切换方法，执行主体为客户端，所述方法包括：

其中，特征部分常用“其特征是……”“所述方法包括……”等类似的用语作为开头，接下来就阐述该发明或者实用新型的区别于现有技术的技术特征。如此清晰的结构，主要便于专利审查以及检索的高效执行，属于一种通用行文结构。在本案例中技术特征阐述如下：

> 首先，获取包括交易信息的第一界面，所述第一界面中包括第一交易方关注的第一交易信息和第二交易方关注的第二交易信息，所述第一交易信息和第二交易信息以第一版式排布；然后，展示所述第一界面，以使第一交易方查看所述第一交易信息；接着，当检测到所述客户端所在的设备发生翻转时，获取包括所述交易信息的第二界面，在所述第二界面中，所述第一交易信息和第二交易信息以第二版式排布，其中至少第二交易信息在第二版式中的显示形式与在第一版式中不同；最后，展示所述第二界面，以使第二交易方查看所述第二交易信息。

同时，作为发明人在比对专利文件或者核对专利初稿时，都会被其中的一些术语困扰，这些术语非常让人头疼且难以理解。即使在我们了解了独立权利要求的结构之后，这个现象也不会有所缓解。文件中会引入大量的结构化术语和抽象词汇是为了让专利权更加清晰地和没有歧义地展示。例如，“第一界面”“第一交易方”“第一版式排布”“第二界面”“第二交易方”“第二版式排布”以及“所述”。如果将这些术语，用场景中的词汇来替代，就变得容易理解了。例如，我将上述文字，代入场景词汇之后，就可以得到如下描述：

> 获取消费方视角下的支付成功界面，在这个界面中包括消费方关注的优惠后金额（实际支付金额）和商户关注的优惠前金额（消费方支付金额+红包），其中优惠后金额的界面是以消费方角度排布的，而优惠前金额的界面是以商户角度排布的（注：两者可能面对面，所以界面会翻转展示）；展示优惠后金额，以使消费方查看该金额界面；当检测到手机发生翻转时，获取优惠前的金额，在这个界面中以商户视角重新排布，和之前界面不同；展示优惠前的金额，方便对面的商户直接查看。

虽然我改写之后，让整个发明专利的易读性提升了，但是其保护效果反而降低了。其中，商户就比第二交易方的表述具象，但具象就会有漏洞和歧义，例如，另一件专利强调自己是针对企业用户，而不是商户，那这两件专利似乎就不同了。这就是权利要求书中特意用抽象化术语表达的原因。

当然，你想要具象化权利要求书中的各种词汇，就必须先看明白说明书部分的内容，获取发明创造的前因后果，才能完成场景化的理解和具象化的替代。

3. 从属权利要求

从属权利要求的参考案例如下：

> 2．根据权利要求1所述的方法，其中所述获取包括交易信息的第一界面，包括获取所述交易信息，所述交易信息包括所述第一交易信息和第二交易信息；基于所述第一版式，生成所述第一界面；其中获取包括所述交易信息的第二界面，包括基于所述第二版式，生成所述第二界面。
>
> 3．根据权利要求1所述的方法，其中所述检测到所述客户端所在的设备发生翻转，包括检测到所述设备发生水平翻转；所述第二版式包括对所述第二交易信息突出显示；所述突出显示包括放大显示、加粗显示和高亮显示中的至少一种。
>
> 4．根据权利要求3所述的方法，其中所述检测到所述设备发生水平翻转，包括检测到所述设备围绕竖直轴所旋转的角度在第一阈值区间内。

在这个案例中，我选取了3项从属权利要求。类似地，可以看到从属权利要求也应当由两部分构成，即引用部分和特征部分。其中，引用部分应当写明被引用权利要求的编号及其主题名称，例如：

> 2．根据权利要求1所述的方法，其中所述获取包括交易信息的第一界面。
>
> 3．根据权利要求1所述的方法，其中所述检测到所述客户端所在的设备发生翻转。

特征部分应当进一步阐述该权利项的附加技术特征。例如：

> 其中所述检测到所述客户端所在的设备发生翻转，包括检测到所述设备发生水平翻转；所述第二版式，包括对所述第二交易信息突出显示；所述突出显示，包括放大显示、加粗显示和高亮显示中的至少一种。

可以看到，在这个从属权利要求中，对设备翻转的定义进行了扩展："检测到设备发生水平翻转"。同时，对第二版式（优惠前的金额界面）进行了扩展："界面进行放大、加粗或者高亮"。

此外，一件发明专利或者实用新型专利应当只有一个独立权利要求，如果有两个以上独立权利要求，可以合案申请。

3.5.3 发明人需要知道的权利要求书内容并不多

发明人一般在两种情况下需要查看权利要求书：第一种，审核专利代理人的产出，是否符合自己发明创造的本意；第二种，在查看和对比专利时，需要判断自己的创意是否和现有专利重合。无论在哪种情况下，对发明人而言，权利要求书都是非常晦涩难懂的，甚至我查看自己专利的权利要求书时，都困难重重，非常耗时、耗力，而且不能解决问题。所以，我处理这些事情的时候，会更多翻阅核心 1～2 条权利项，判断是否符合自己的创新意图，然后充分信任专业的专利代理人，让专业的人做专业的事情。

取得彼此信任最好的办法，就是彼此保持坦率，我们需要向专利代理人充分说明自己的想法甚至顾虑，也要倾听专利代理人的反馈，从彼此能够充分沟通，到最后信任彼此的付出。

第 4 章　如何产生 10 倍创意

通过学习前几章的内容，相信大家对发明创造的定义以及具体发明专利的组成部分，都有了较为深入的理解。此时，困扰大部分发明人的不再是专利法，而是如何产生有效的创意，并将其转化成专利。

而在本章，我会从以下 3 部分对创新方法学进行研究和实践，让你产生 10 倍的创意，事半功倍地完成创新工作。

- 介绍创新方法的演变过程，从团队头脑风暴会议到系统创新工程，再到系统创新思维（Systematic Inventive Thinking，SIT），最后聚焦到数字世界非常实用的创新方法：函数法。
- 将函数法应用到人机交互领域，并列举其在人机交互领域的具体实践案例。
- 以远程开启空调为案例，对函数法进行具体的应用，让理论指导实践。

4.1　事半功倍的创新方法：函数法

发明创造的三性如图 4.1 所示。

第 5 章将会介绍三性中的创造性，其中有一种类型的发明创造，就是通过组合发明的方式进行创新的。在数字技术相关的领域，这种组合发明的占比非常高。在我看过的上千件发明专利中，这种类型的发明创造可以达到六成以上，这确实是互联网、新能源汽车等数字技术领域最重要的创新方式，可以将这种现象归因于代码中函数思想的影响。所以，在本节中，我会把这种组合方法在数字技术领域的应用叫作函数法。要了解具体的组合发明的例子，可以阅读 5.5 节。

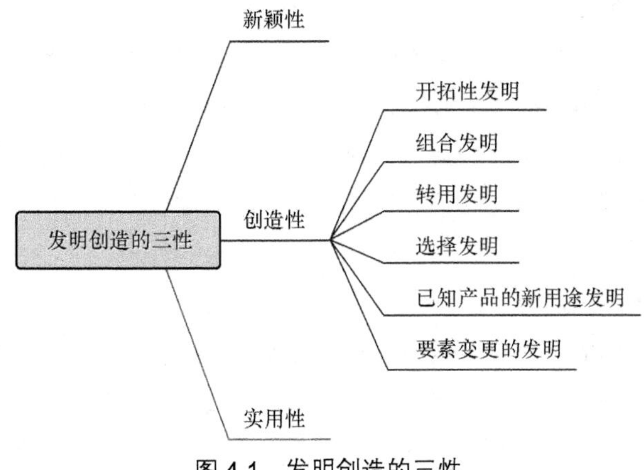

图 4.1 发明创造的三性

4.1.1 业界常见的创新方法

工业界和学术界的创新中，应用比较广的创新方法，大致可以分为两种类型，如图 4.2 所示。

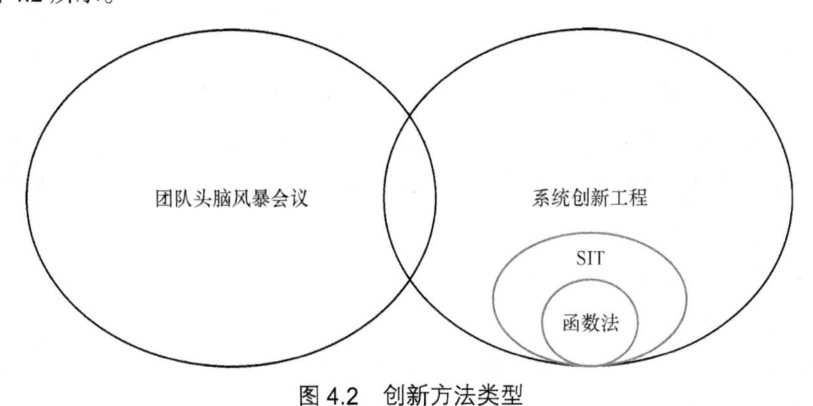

图 4.2 创新方法类型

1. 团队头脑风暴会议

产生专利的这类会议，被称作创造性问题解决（Creative Problem Solving，

CPS）会议，一般在 IBM 这些大型美国企业中应用。在马来西亚和斯里兰卡，CPS 会议被整合到发明课程中。

例如，一次以产生专利和创新为目的的头脑风暴，整个 CPS 会议的过程一般由以下几部分组成。

（1）组建一个工程师和发明人的团队，专利代理人在会议即将结束时出席。

（2）建立一个指导准则，例如不允许批评、全员参与、每次只有一人发言等。

（3）确定合适的、明确的会议主题，再进行讨论，避免过度发散。

（4）按照会议议程主持会议，倾听所有人的想法，并通过便利贴来汇总发明创造。

（5）通过民主投票的方式，从众多想法中筛选出 5 ~ 10 项要进行的发明创造。

（6）对筛选出的结果，组建小团队进行细化研究，产出专利交底书。

（7）专利代理人记录结论和作出贡献的发明人，以便确定署名和物质奖励。

CPS 这类的团队头脑风暴会议，在理想状态下，能够非常高效地产出发明创造，是一种非常有效且实用的方案。但是在实际工作中，使用头脑风暴的方式进行创新其实困难重重，尤其是在解决实际问题的时候。我们无法进行理想化的头脑风暴的核心原因在于：无法保证所有参与人的平等，尤其在解决实际问题时。

2. 系统创新工程

系统创新工程中最大的流派就是 TRIZ（发明问题解决理论）。TRIZ 是苏联科学家根里奇·阿奇舒勒所提出的。他从 1946 年开始带领数十家研究机构、大学、企业组成了 TRIZ 的研究团体，通过对世界高水平发明专利（累计 250 万件）的数十年的分析和研究，基于辩证唯物主义和系统论思想，提出了有关发明问题的基本理论，具体如下：

- 总论（基本规则、矛盾分析理论、发明的等级）；
- 技术进化论；
- 解决技术问题的 39 个通用工程参数及 40 个发明方法；
- 物场分析与转换原理及 76 个标准解法；
- 发明问题的解题程序（算子）；
- 物理效应库。

总之，TRIZ 是一个由解决技术问题、实现创新开发的各种方法和算法组成的综合理论体系。

TRIZ是系统创新工程的鼻祖，为可学习性创新做出了不可磨灭的贡献。但是，TRIZ为了覆盖所有类型的创新，不得不建立一个庞大的体系；同时，为了兼顾各个应用和业务场景，又不得不进行抽象。这让TRIZ又庞大又抽象，以至于学习TRIZ就像学习一门学科。对大部分发明人而言，学习TRIZ需要大量时间，却只能利用皮毛。

为了解决TRIZ的可学习性，相关专家研究出了SIT，其构成如图4.3所示。这是一种简化、易学版的TRIZ，它从40个发明方法中选取最实用的5个，进行重点阐述。

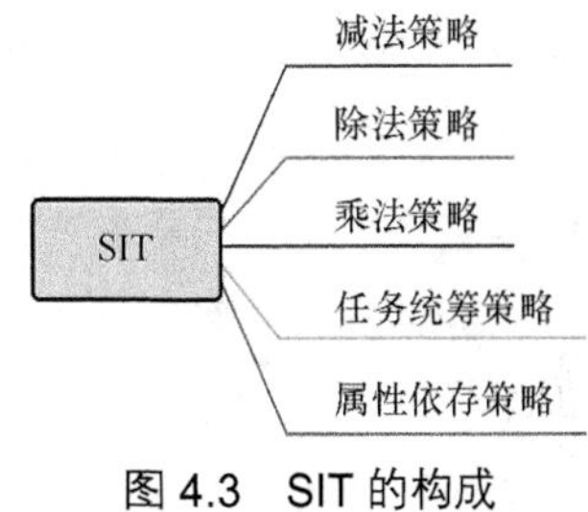

图4.3　SIT的构成

在德鲁·博伊德（Drew Boyd）、雅各布·戈登堡（Jacob Goldenberg）的*Inside the Box: A Proven System of Creativity for Breakthrough Results*（《微创新：5种微小改变创造伟大产品》）一书中，提出了SIT的5种创新方法，具体如下。

- 减法策略：删除一项产品或服务中的某个基本部件，甚至删除其中的精华，而不找替代物。例如，删除录音机的录音功能，或是去掉电话的拨打功能。
- 除法策略：我们容易把某产品或服务看成一个整体，认为它们就应该以我们熟悉的样子而存在。打破这种“结构性固着”，把它分解成多个部分，然后将分解后的部分重组，这样往往会产生创新。
- 乘法策略：先明确产品、服务或流程的组成部分，选择某个基本部分加以复制，而后将其改造成乍一看毫无价值的东西。信不信由你，但这样做乘法一定会让你抓住良机并且收获创意。
- 任务统筹策略：给产品、服务中的某部分分配一个附加的任务或功能，让它在发挥原本作用的前提下完成新的任务。
- 属性依存策略：让原本不相关的属性，以一种有意义的方式关联。选取产品或流程的两个原本不相关的属性作为变量，让一个变量随着另一个变量的变化而变化，就像变色龙会随着环境的不同而变换颜色一样。

4.1.2　数字世界中实用的创新方法：函数法

正是受到TRIZ和SIT的影响，我从属性关联策略出发，结合数字世界中人机交互的特征，提出了一个实用的创新方法：函数法。虽然，使用该方法无法面面俱到地解决所有问题，但是互联网、新能源汽车中一半以上的专利，都使用了这个方法。为数字世界中的属性依存取名“函数法”是因为计算机的基础工作原理就是函数思想。函数公式如下：

$$y=f(x)$$

在学习数学、物理、化学等基础学科，以及计算机等应用学科时，为了提升应对问题的能力，我们会将问题进行归类和抽象，提取共同特征，用最简单的公式来表达，也就是：**总是用有限的公式去描述一个有着无限数据的事物（变量无限地更换，公式就会有无数的值）**。具体举例如下。

计算机在处理运算的时候，用户可以输入一个值，并得到一个相应的值。假设 1+1=2，2+1=3，3+1=4……，为了提升运算效率，避免为所有可能性编写代码，就会使用函数的方式表达，即 $y=x+1$。

此时，计算机就在运行一个函数，无论用户输入什么值，都可以通过函数运算得到一个相应的值。这极大地提升了效率，也是构建数字文明的基石。当然，这里只是举了一个最简单的函数（一元一次函数）的例子，而在实际工作中使用的函数会极其复杂，但其工作原理是相同的。找到一个或者多个自变量 x、一个因变量 y，并建立一个有价值的函数关系，就可以让数字世界运转得更加高效。

4.1.3　在人机交互领域实践函数法

任何的创新方法都必须充分结合使用场景，才能产生创新价值。我将结合个人的经验，从人机交互（Human-Machine Interaction，HMI）领域出发，来深入探讨创新方法和实践；同时，相比机器和机器之间的交互，以及人和人之间的交互，人机交互领域的创新会更加靠近专利的理念，也更加容易被大部分人理解。

在数字世界的人机交互中，存在一个基本矛盾：**数字世界中数据、信息和功能的增长速度，远远超过了人类的进化速度，这给人类带来了巨大挑战**。而为了让人机交互更加自然、轻松，就得让信息和功能更加主动、更便于为人提供服务，而不是被动依赖人想到这个功能、找到这个功能，从而完成人机交互。

正是对人机矛盾的重视，迫使我们对人和机器的关系重新进行思考。接下来会通过函数法，来解决人机交互的现有问题。后续章节会围绕以下两部分展开。

- 了解人机交互领域的六大自变量：上下文、历史数据、人际关系、环境感知、时间和空间、元数据。我通过对人机交互领域上万个创新方案和上千件专利的研究，发现人机交互的自变量 x 是固定的。在 4.2 节，我将会讲解这六大自变量的理念和历史案例，帮助你消化和理解它们。
- 以“车内 40℃，我却忘了开空调”作为问题，通过函数法来生成 10 倍创意。为了解决上述人机交互的问题，我通过函数法生成 10 多个方案，同时有多个方案已经有其对应的发明专利。

对人机交互感兴趣的朋友，可以阅读我的公众号的这两篇文章，了解整体推理过程。

- Ant Design 4.0：创造快乐工作（在公众号发送“AntDesign4.0”即可阅读）。
- “人机自然交互”Ant Design 设计价值观解析（在公众号发送“人机自然交互”即可阅读）。

4.2 人机交互的函数自变量 x

函数法需要明确函数自变量 x 和因变量 y，在本节中，我将通过人机交互领域的案例具体讲解函数法的使用，以及对应的自变量 x 和因变量 y。

4.2.1 上一个动作（上下文）

> Nudge 推力：一种方法；以可预期的方式改变行为，但不硬性规定选项，也不必明显改变诱因。
>
> ——《设计的法则》

给大家讲一个故事。曾经有两个博士生都想出国交流，但是出国交流需要导师写推荐信，所以博士生 A 和 B 都准备了相关材料，并将其放在导师的办公桌上。几周过去，只有博士生 A 的推荐信顺利寄出，还拿到了校方回复。博士生 B 义愤填膺地找到导师，质问道：“老师，你为什么不帮我写推荐信，你是不是对我有意见？”导师明白来意后，答道：“我太忙了。其实两个我都写了，不过 A 的材料都填好了邮编，写好了地址，我下班顺手就寄出去了。而你的材料没有这些，我一放就忘了。”

故事的真实性未可知，但是其寓意非常有趣：人喜欢做容易的事情。人们做决定时，喜欢往阻力较少的路走。如果阻力较少的那条路，正好能通向大家都喜欢的结果，那更是皆大欢喜。在人机交互过程中，根据情景的上下文，将用户的上一个动作 x 作为自变量，推送可能的功能，减少人为寻找和思考的阻力，促使功能的自然发生。同时，对显而易见的功能，可以直接做。

案例 1：自动切歌。

现在越来越多的歌曲以数字化方式传播，被终端用户聆听。和之前通过磁带、光盘等进行传播的方式大不相同，因为采用的是数字化和互联网连接的方式，一个歌单从有限的曲目变成无限的曲目（几万首，甚至几百万首都可以），几乎没有物理限制，这让用户能接触到不同类型的音乐，整个生态也极度丰富。但是，这种几乎无限量供应的方式，也让用户变得更加挑剔，也更喜欢在不同的音乐中筛选出自己喜欢的歌曲。所以，在很多 App 中会提供记录用户对于当前播放歌曲的态度的功能，如果用户不喜欢，就可以在未来推荐中，减少播放该歌曲和该类型的歌曲。

Google Music 就提供了这种让用户表达态度的功能。同时，Google Music 的设计人员发现，用户在表达态度的时候，往往是在听歌的过程中，也就是说，系统开始播放歌曲 A，用户听了几十秒后，发现自己并不喜欢这首歌，就打开 App 在这首歌对应界面上选择“不喜欢”选项。进一步地，设计人员发现，用户有很大概率会在完成态度选择的操作之后，切换至下一首歌曲。所以，设计人员将选择“不喜欢”选项作为前置条件，也就是用户的上一个动作；一旦用户触发了这个条件，就自动关联“切歌”选项，跳转到下一首歌，这是用户的下一个动作。这是一个非常典型的基于上一个动作（上下文）实现一个场景自动化处理的案例。

这个逻辑可以用函数法的角度进行重新拆解：将用户选择“不喜欢”作为自变量 x，关联“切歌”这个因变量 y，从而建立一个 $y=f(x)$的函数关系。

案例 2：自动显示订单号。

现在很多人都会通过互联网平台，进行网络购物，网络购物给人们的生活带来很多便利。在进行网络购物时，人们大部分的操作都可以通过 App 来完成，并不需要太多的人为介入。但是，用户在产生一些疑问或者在 App 上找不到信息的时候，就会尝试拨打电话和客服进行一对一沟通。然而，当用户拨通电话之后，由于现有客服系统未必能通过用户手机号码来查找到用户的订单信息，因此一般客服会让用户回到 App 再查询一遍订单号。此时，整个操作过程会非常复杂，因为 App 里的订单号虽然重要，但不是用户经常使用的信息，往往不好找。

去啊 App 就发现了这个交互问题，他们做了一个产品的改进。当用户从某张机票的详情页，拨通对应航空公司的客服电话时，App 页面会弹出当前机票的订单号，该订单号将显示在一个非常醒目的位置。此时，当用户从电话页面切换到 App 页面的时候，就能一眼看到订单号。

在这个过程中，我们可以看到整个交互过程，把“联系客服”作为上一个动作，也就是自变量 x，将“凸显订单号”作为下一个动作，也就是因变量 y，从而构建一个 $y=f(x)$的函数关系。

再例如，使用淘宝时，我如果在看完相机的介绍之后，产生了一些疑问，想找客服去咨询，如发货时间或者相机参数等，当我打开聊天界面的时候，系统会检测到我是从哪个商品详情页过来的，因此会在聊天中自动形成一个相机详情页的开篇，我可以直接将其发送给客服，这样不用我介绍，就能快速建立起商品咨询的上下文。

案例 3：从详情页到列表页时，可以定位刚看过的详情页。

我们观看的短视频往往是由不同品类的内容组成的，例如，前一个短视频是讲电影的，后一个短视频是讲美食的。由于短视频的时间限制，长视频（如电影解说）就会切割成多个不同的短视频，而用户看到的刚好是其中一个。此时，如果用户对这部分的电影解说很感兴趣，就会通过当前视频（详情页）进入合集列表，以查看更多的解说细节。

抖音为了让用户可以保持上下文，当用户点击“合集”按钮，从某个详情页（用户观看的电影解说 A-2）进入合集列表（电影解说 A 的所有短视频，即 A-1、A-2、A-3）时，系统就会根据用户浏览的详情页信息，定位信息，并标记“刚看过”，帮助用户在合集里找到刚刚看过的短视频以及定位前后的视频。

在这个过程中，用户点击“合集”按钮就是自变量 x，而产生的“刚看过”标记则为因变量 y，二者可以构建一个函数关系。

4.2.2 历史数据

偏好路径：使用或磨损的痕迹，暗示着人们偏好用哪些方式与物体或环境互动。

——《设计的法则》

再给大家讲一个故事。曾经有一位建筑师完成整个景观的设计和建造之后，唯独没有在草坪上设计徒步路线。很多人就很诧异，不设计这些路线，那行人不会乱走吗？建筑师回答道，即使我设计了路线，这条路线也未必是行人觉得最短、最好的路线，我们不如等一等，让他们自己走出来。几个月之后，草坪确实出现了几条路线，但是有一条路线最为明显，它就是行人最常走的路线。

偏好路径就像草坪上出现的路线，往往就是通向某个目的地的捷径，但偏好路径可以扩大应用范围，泛指用户在物体或环境中所留下的活动痕迹或记号。在数字产品的使用中，用户的历史记录往往能够投射出他的使用偏好，所以我们可以通过分析历史记录，快速找到用户再一次使用产品时最有可能的倾向。在这个过程中，我们不仅可以研究用户个体的历史数据，发现他使用产品的偏好，还可以观察这一类用户的历史数据，发现这一类人使用产品的偏好。而把这种“历史记录”作为自变量 x，去关联有价值的场景 y，就能非常容易地推动人机交互的自然完成。

案例 1：用上次登录的方式来登录。

现在的账号管理，可以提供多种不同的方式进行登录，例如通过短信、邮件验证与登录，以及通过一些 App 实现第三方快捷登录。这些登录方式，给用户提供多样性的选择，也让登录账号的难度降低很多，尤其是第三方登录，例如，用户只需要选择微信，系统就可以通过跳转到微信来实现当前 App 的快速登录。但是，这种方式也带来一些问题：这种便利性导致用户压根不记得是用什么方式进行注册和登录的，这为其下次登录带来了困扰。

很多 App 通过记录用户之前的登录数据，在二次登录界面显著位置上，提示用户上次使用的是哪种登录方式（如“微信登录”），帮助用户快速回忆，并完成登录动作。这种方式已经成为目前互联网 App 的最佳登录方式，尤其是在中小型 App 中。

在这个过程中，我们同样可以看到，用户的历史数据成为函数的自变量 x，而在二次登录界面显示的上次登录的信息则成为因变量 y，从而构建了一个函数关系，促进人机交互的完成。

案例 2：重复购买电影票，就是“二刷”。

在进行网络购物的时候，用户可能会进行重复购买的操作，例如，在网上书店重复购买一本书，在购票网站上重复购买电影票。其中，有些可能是用户由上次购买时间过去太久，导致不小心重复购买，有些可能是用户刻意为之。基于不同的用户心理和诉求，我们也可以在不同的产品设计上定制化这些操作。

在亚马逊上，如果用户曾经购买过一本书，那么在用户用这个账号再次购买这本书的时候，就会在购买界面的按钮上显示“再买一本”的提示。而在淘票票上，如果用户刚买过一部电影的票，短期内用户再一次购买该电影的电影票的时候，购买界面的按钮文字将显示为“二刷”，这是一个非常有影迷特色和情感化的设计。由于电影一般有上映档期（1 个月左右），用户不太可能记不住自己之前购买过该电影的电影票，因此这是典型的重复购买行为，而且多为用户刻意为之，甚至是用户视为“荣耀”的事情。

我们可以看到，买书和买电影票使用了同样的方法：将用户的历史购买行为作为自变量 x，而把界面显示的文字信息作为因变量 y，通过一张映射表建立起这两个变量的函数关系。同时，我们可以从这两个案例中习得，将相同的方法应用于不同的行业和领域时，可以做一些适应性调整，这样可以让创新和发明落地成工程化产品的时候，更加符合场景需求。

将上述方法应用在用户历史数据上时，我们除了可以把购买界面的文字信息作为因变量来进行创新，也同样可以选择在用户的选座上进行创新。我在几年前写过一件专利：基于用户历史的选座记录推荐最佳座位。对我而言，常去的电影院有固定的几家，虽然电影院在选座的时候会推荐座位，但是对不同身高和偏好的用户而言，电影院推荐的未必是最合适的。而基于用户之前的选座记录和体验，可以帮助用户在这次做出更好的选择。例如，我家门口有一家 UME 电影院，它的放映厅特别小，前两排非常靠近屏幕，但座椅阶梯明显，所以我常常选择靠后的座位；而中影国际的放映厅中，前排座椅离屏幕很远，同时座椅阶梯很不明显，所以我一般选择第一排或者第二排中间的位置。同样的道理也可以应用在机票的选座上，虽然用户很少会选中同一架飞机，但是国内航空公司的飞机品牌和机型相对有限，那么使用基于历史机型记录的选座机制，就能很快帮助用户回忆之前的乘坐体验，快速做出最适合自己的选择。

案例 3：抱歉，您输入的是旧密码。

账户和密码的使用方式，一直是令很多人头痛的事。因为用户能记住的密码量其实很有限，常用密码的数量一般不会多于两位数，而一般的网站会要求每隔一段时间更改一次登录密码，从而保障账户安全。这就产生了一个问题，更改密码后，如果用户忘记现在的密码，用户会一遍一遍尝试自己的常见密码进行登录，然而系统只会提示账号密码错误。由于在很多网站中，密码是加密输入的，因此用户无法确认是因为密码输错字产生了失误，还是输成了其他常见密码。同时，为了防止黑客攻击，系统的登录密码的试错次数是有限的，一般不超过 5 次，所以非常容易导致用户无法登录，或者锁住账号。

Facebook 在用户登录时，就会根据用户的历史输入情况，进行合理的提示。例如，用户在这个账号下输入正确的密码，但该密码是之前已经更改的密码，系统就会提示用户“抱歉，您输入的是旧密码。约在一年前修改”等文案，以此来帮助用户回忆密码，并提供相应的支持。另外，它提供给用户的更好的体验是，可以将旧密码输入的错误不记录到当前的错误次数里，给用户更多的尝试空间。

将历史记录中的用户密码作为自变量 x，关联到提示信息因变量 y，从而实现一种函数关系，提升产品的使用体验。

4.2.3　人际关系

人类的烦恼，全都是人际关系的烦恼。

——《被讨厌的勇气》

在《关于费尔巴哈的提纲》中，马克思提出了“人的本质，是一切社会关系的总和”，这意味着我们无时无刻处在社会关系网络的节点上。我们在家里，是子女、是父母、是丈夫或妻子；在工作中，是下属、是上级、是同事；在学校里，是学生、是老师、是职工。我们的很多烦恼，就来自这些节点的反馈，就像阿尔费雷德·阿德勒的断言一样，人的烦恼都来自人际关系。当然，这句话也有其镜像：人类的快乐，全都是人际关系的快乐。他人的点赞、肯定，甚至理解，都会让我们获得无与伦比的精神能量，支持我们的前行。

关注人际关系在整个产品创新上也具有很强的社会意义和个人价值，这些作用不局限于社交软件，也出现在我们生活的方方面面。接下来从人际关系这个切入点出发，去看看使我们烦恼和快乐的案例。

案例 1：关注人的消息会优先被看到。

随着各种社交软件的普及，用户获取信息的渠道越来越多，基于算法和订阅的信息推送也越来越多。但是手机屏幕的大小是有限的，用户的时间也是有限的，而这些海量乃至无限多的信息，会让人出现信息过载的情况，反而导致重要信息（例如重要人的信息）淹没在茫茫信息流里。

钉钉就会基于“关注人”，穿透各种信息屏蔽直达用户。我第一次使用钉钉进行办公的时候，最满意的一点就是它会通过组织结构的关系网络，将我对接的重要的人设置成“特别关注”，同时会让“特别关注”的发言穿透屏蔽的各种群，形成可视化的红点，从而形成有效通知，以免错过重要信息。无独有偶，一些娱乐性的社交软件，也在做类似的尝试。iOS 版本的微博 App 的底部 Tab 在一般情况下形式是固定的，但是第二个 Tab（关注）里如果有用户的“特别关注”或者重点媒体发布了一些新内容，就会穿透这个 Tab，用“特别关注”的头像作为通知方式，吸引用户点击。

以前我提交过一个发明，虽然没有通过内部审核，但也采用了类似的创意。我之前总是会错过我太太的朋友圈，没有第一时间去点赞和互动，所以就设想在朋友圈可以将太太设置成“特别关注”，一旦她发朋友圈或者与我互动，就可以在微信的第三个 Tab 直接显示其头像，这样就可以第一时间去点赞和互动。

虽然，这三者在表现方式和实现逻辑上有些差异，但是核心的创新逻辑是极其相似的。在整体的创新逻辑上，将人际关系作为自变量 x，尤其是将人际关系中的重点关注人作为自变量 x，关联到信息表达的因变量 y，从而构建了一个函数关系，产生有意义的产品创新。

案例 2：有关我的邮件将摘要重点展示。

比微信、钉钉更古老的通信方式是邮件，这种相对异步交流的方式在外企和传统企业更加风靡。同样，把邮件作为办公工具的时候，会存在大量滥用的现象，也会导致重要信息被淹没。除了重点关注的人发送的邮件，普通邮件的内容往往很长，所以很多人未看完这些邮件就匆匆将其关闭，甚至有些人只看一眼摘要，就会决定这个邮件看还是不看。

微软的 Outlook 就做了一个有意思的创新，即在摘要里直接显示与用户相关的内容。也就是说，当不同的用户收到同一份邮件时，邮件系统会检测正文（例如，@林外在这个项目体主要产出……）中有没有提及当前用户。如果有类似的文本和操作，邮件系统就会在他的邮件摘要里将相关内容（例如林外）进行显示。此时，用户就会看到一份与他相关的摘要，这会吸引他点击和阅读。在这个创新案例的启发下，我写过一个发明，就是基于收件人实现的排序机制：当用户收到一份邮件时，如果他的名字单独出现在收件人或者抄送人里，而不是在邮件组里，系统就会高亮或者置顶用户名，从而使得该用户重视这份邮件。因为这是一份重点写给他的邮件，而不是单纯邮件组里的邮件。

同时，我们还可以在这种类型的产品的基础上做一些其他创新，例如结合组织关系图、对收件人的前后排序等。因为在撰写某些邮件时，需要非常注意收件人的级别和排序，尤其是群发的正式邮件，如果可以结合组织关系图，就可以将发信人输入的收件人按照职责和级别进行排序。

从这个案例中，我们意识到，在人际关系中可以将自己或者组织关系作为自变量 x，关联到对应的摘要或者收件人，并将其作为因变量 y，建立对应的函数关系。

案例 3：用二五零，而不是二百五。

文化习俗是人际关系的泛化的产物。这在国际化产品上体现得更加显著和更加具有冲突性。例如，在有些中亚国家，他们不用红包来表达喜庆，而会选择白包来表达喜庆；在东亚一些国家，使用万分号来分隔数字，而不使用千分号来分隔。

我有过一次非常特别的就餐体验。某一天我在一家饭店吃完饭，找服务员买单，而服务员看了一眼消费账单，然后说道："是这个金额。"我当时非常纳闷：多少钱有什么不能说的，还要我自己看。当我看到金额时，我突然明白了他的用心——金额刚好是 250 元。如果当时服务员直接说出金额，虽然他没有错，但可能会让我和同行人不悦。因为在我们的文化里，有很多语句和词语是不妥的，而这些不妥的语句和词语在我们的语音产品中，经常赤裸裸地表达出来，显得非常没有人情味和素质。

我申请过这样一个发明专利：根据文化习俗决定语音播放策略。具体的实现逻辑就是在语音播放设备里预设一些敏感词汇以及替代方案，当系统执行语音播放的时候，如果存在预设的敏感词汇，就会使用替代方案朗读，例如当金额是 250 元的时候，250 不读作"二百五"，而是读作"二五零"。

在这个案例中，我们将人际关系中的特殊语言文字作为自变量 x，关联到对应的语音播放策略上，并将其作为因变量 y，建立对应的函数关系。

4.2.4 环境感知

灵活运用传感器，给系统装上"眼睛""耳朵"等感知器官，同时配合各种规则的制定，就可以让系统像“伙伴”一样促使人机交互行为高效发生。如果想让系统从“它们”变成“他们”，除了赋予系统有趣的灵魂，还需要帮系统实现各种感知和认知的功能。

我使用詹姆斯·吉布森的“直接知觉论”结论，以注意环境的方式将脊椎动物的知觉系统分成五大类：视觉系统、听觉系统、触觉系统、味/嗅觉系统、基础定位系统。这种分类和传统解剖学的分类略有不同，具体体现在以下两点。

- 将眼球、眼皮和附近的神经元细胞和肌肉细胞看作一个整体（称作视觉系统），这个整体不仅会对环境中的信息进行拾取，还会进行识别和行为上的反馈。举个例子：我们在川流不息的人群中行走，视觉系统会帮助我们调整瞳孔大小、判断距离和危险物，甚至判断是否需扭动身体避免撞上别人，当然这个过程大脑会参与，但未必全程接管。这个理念与传统的“眼球用来感知，大脑用来认知”的常规思维方式不同，但对 IoT（Internet of Things，物联网）设备的设计具有很大意义，例如在设计感应灯时，并不会将每次开关都交给房屋的中央处理器来操作，而是由“感应灯+智能网关”等元素组成一个听觉系统来处理开关操作。当听到脚步声时，感应灯自己点亮自己。
- 提出传统解剖学无法解剖的“基础定位系统”。一个正常人可以判断自己是否在运动（类似加速度传感器）、是否转向（类似陀螺仪）和我们朝向哪个方向［类似 GPS（Global Positioning System，全球定位系统）］等一系列定位问题，虽然我们不容易找到具体实现这些功能的器官，但是我们确实具备这类能力。

此外，你会在其他部分（前文提到的上一个动作、历史数据部分，以及后文中的元数据部分）看到传感器，这是非常正常的现象，因为任何分类都有主观性在里面，就好像有人会把番茄归类成水果，有人会把它归类成蔬菜。接下来，我将介绍视觉系统、听觉系统、触觉系统和味/嗅觉系统这 4 个方面的创新。

1. 视觉系统

作为机器的视觉部件，典型的传感器有摄像头和光线传感器。其中，摄像头的应用场景和产品非常多，而且大部分场景和产品你都很熟悉，这里不过多阐述。我们来看看光线传感器，了解通过它可以做哪些创新。

光线传感器的历史由来已久，它被人熟知就是从应用在手机上开始的。在诺基亚的早期产品中，就使用了光线传感器，使用它的好处是可以实现根据手机所处环境的光线来调节手机屏幕的亮度和开关键盘灯。而因为屏幕通常是手机硬件中最耗电的部分，通过光线传感器调暗屏幕，可以有效降低耗电量，能进一步达到延长电池寿命的作用，这也是光线传感器成为智能手机标配的主要原因。光线传感器是一种用于检测光线强弱的装置，其原理通常是将光信号转换成电信号并以电信号的大小来判断光线强弱。光线传感器主要分为环境光传感器、红外光传感器、太阳光传感器、紫外光传感器 4 类。在电子消费品领域中，环境光传感器、红外光传感器应用较广，下面将主要介绍这两类传感器及其应用。

案例 1：光线太暗影响扫码，就快速调亮屏幕。

虽然现在的手机屏幕亮度支持自我调节，而且可以根据环境的亮度进行调节，但考虑到产品使用需要具有连贯性，忽明忽暗的效果在大部分场景中都不适用，开发人员会对这些调整进行一些时间和亮度上的优化。这种优化主要是为通用场景而准备的，在一些较为特殊的场景，尤其是那些“争分夺秒”的场景（例如扫码支付的场景）中，亮度调节的整体延迟感会非常强。

在星巴克 App 中，当用户打开支付的会员码界面，准备被商家扫码的时候，如果此时环境光线不足，系统会快速调高屏幕的显示亮度以方便扫码，这让用户可以顺畅地完成支付行为。这种亮度调节的速度和调整后的亮度，都让人印象深刻，这种交互方式已经成为大部分 App 付款码（会员码）的标配。因为扫码这个动作，在获取用户、提高活跃度、提高留存率、获取收入、自传播这 5 个环节中都有应用，尤其是在获取收入的环节，这是涉及企业利益的核心环节。虽然体验提升一般，但是效用很大，所以一家推出，多方效仿。可以发现，我们不是解决所有问题，而是解决问题的主要矛盾和矛盾的主要方面。

同样地，扫码的发起方对光线有着强烈的需求。在使用支付宝“扫一扫”时，如果环境光线比较弱（一般使用摄像头的感光设备，而不是前置的光线传感器），系统会提示用户打开闪光灯进行补光，甚至有些 App 会直接帮用户打开闪光灯补光。这也是业界标配，它能普及的关键原因，也是上述的企业和用户的共同利益。

在这两个例子中，可以将机器的光线识别能力作为自变量 x，来关联屏幕亮度或者摄像头处亮度这一因变量 y，从而构建函数关系。

案例 2：来一个不想接的电话，捂住手机就开启“勿扰”模式。

回想一下，如果在某个电影院或者重要会议上，突然来了一个意外来电，大部分人都会手忙脚乱地挂断它，这会让人非常窘迫。造成这种现象，主要有两个原因：一方面，我们不希望此时电子设备震动或播放铃声，因为这个行为很不文明；另一方面，常规关闭的方式不够自然和高效，往往需要用户多步操作和记住这些步骤，而让用户在短时间内回想起并进行操作，非常困难。

在苹果的一件专利（CN201510532392.0 用于限制通知和警报的用户界面）中，就实现了快速、友好地让设备进入“勿扰”模式的交互方式。当收到一个来电时，只要我们将手机捂住，就可以进入“勿扰”模式，不再响铃。用手捂住（手势覆盖）一个东西不让它发出声音，是用户在紧急情况下的下意识动作，也是自然的行为，而苹果将这个动作通过多个传感器定义出来。其中，对于“捂住”（手势覆盖）的定义，可以拆解成如下部分：触敏设备的触摸数据（电容屏的多点触摸）、来自环境光传感器的环境光数据（光线传感器）、来自接触强度传感器的强度数据（类似 3D Touch）和/或来自一个或多个运动传感器的运动数据（陀螺仪/加速度传感器）。

同样，中国平安壹钱包用类似的原理，实现另一种效果：当用户打开 App 主界面时，界面默认不显示余额，因为这个界面有很多其他功能，被多人看到的概率也很大；此时，当用户用手去覆盖屏幕时，界面上就会显示余额。这种交互方式可以模仿现实环境中偷偷数钱的趣味感。

其整体的创新方法和苹果的非常相似，都是将手势覆盖导致光线变化作为自变量 x，但是在实现效果上各有差异，苹果的发明是将“勿扰”模式开启与否作为因变量 y，而壹钱包是将屏幕元素的显示与否作为因变量 y。

2. 听觉系统

麦克风（又称微音器或话筒）是一种将声音信号转换成电信号的换能器。它是一个历史悠久的传感器，是智能手机的必备元素，除了作为电话来使用的基础功能，还可以有其他应用。

麦克风就好比机器的听觉器官，可以让机器获取外部声音。除了获取正常的语音完成通话，还可以捕获一些噪声，从而提升核心功能的体验。

我们可以在 MacBook 上使用 Siri 语音助手进行语音交互或者文字输入。但是

Siri 的语音识别准确率和环境噪声有很大的关系，尤其是在环境比较嘈杂的时候，其语音识别准确率就会下降，从而导致用户的产品体验不佳。计算机附近可控的环境音主要来自 CPU（Central Processing Unit，中央处理器）处的散热风扇。正是基于这样的考虑，如果用户在风扇工作的时候唤起 Siri 语音助手，MacBook 就会强制暂时关停风扇，降低环境噪声，让用户声音可以清晰输入，提升 Siri 的语音识别准确率。这是非常微小且有价值的优化。

同样，在语音通话过程中，Moto 也有类似的创新优化，不同的是，它是采用丽音（Crystal Talk）技术来优化的，这一优化也被当作一个核心卖点来宣传。通过这个技术，系统可时刻根据周围环境自动调节收听效果，主动将环境中的噪声和用户声音进行区别，并对噪声进行降噪。所以，即使再嘈杂的环境也可令用户清晰畅听，就是在嘈杂的大街上也能听清楚对方的讲话。

我写过一个和听觉装置相关的专利，其核心内容是基于环境音量的铃声播放方式。在夜深人静的时候，突然被一阵电话铃声打扰，是一种让人非常难受的体验，即使我们的设备音量设置得并不大，在白天完全属于正常水平，但是夜间的整体环境更加安静，导致原本正常的铃声也变得刺耳。如果我们在一个非常安静的地方，如图书馆，突然响起的电话铃声也会让我们尴尬不已。所以，可以发现解决这个问题的重点其实在识别环境音量上。当有来电的时候，系统应该第一时间通过麦克风获取周边环境音，并匹配对应的铃声强度，然后逐渐增大音量，也就是说，环境很安静的时候，铃声一开始很小，然后越来越大，从而避免突然响起音量很大的铃声给人造成压迫感。

回顾这 3 个例子，可以理解这个创新的过程以麦克风这一听觉装置为自变量 x，以通过关闭风扇的物理降噪、优化环境噪声的数字降噪或喇叭播放策略为因变量 y，构建一个听觉和体验的函数关系。

3. 触觉系统

触觉和压觉是皮肤受到触或压等机械刺激时所引起的感觉，两者在性质上类似。触点和压点在皮肤表面的分布密度以及大脑皮层对应的感受区域面积与该部位对触觉和压觉的敏感程度呈正相关。

给机器或者系统装上触觉和压觉装置，会使人机交互变得更加细腻和真实，例如，用户轻抚机器，让机器明白他是在表达喜爱；用户拍打机器，让机器明白他是在表达愤怒。其中，利用手势和多指进行一些触觉上的交互，已经是我们习以为常的方式，大家可以回想一下如何操作 iPad、iPhone 和具有触控板的计算机，这里不赘述。我主要分享一些相对比较少见，又具有一定创新意义的触觉系统案例。

案例 1：像抚摸猫一样抚摸虚拟人物。

当机器装上触觉装置之后，整体的互动性会大幅度加强，我们不仅可以通过听觉和视觉与机器进行互动，还可以像抚摸动物和植物一样，通过界面和虚拟对象进行互动。给机器装上触觉传感器（例如感知多点触摸的电容屏、感知按压力度的 3D Touch），可以让机器识别多种触摸动作，将机械动作转换为电信号，从而使用户和虚拟世界中的虚拟对象进行信息传递并获取反馈。

在 2013 年，苹果公布一件专利“CN108897420B 用于响应于手势在显示状态之间过渡的设备、方法和图形用户界面”，其中有一个实施案例，就是在类似 Apple Watch 这样的一个小屏幕上和虚拟人物进行互动。用户可以在手表的屏幕上进行按压、抚摸甚至挠这样的动作，相关触摸的传感器感知到用户动作的力度和范围之后，就可以在界面中实现虚拟人物的反馈，包括整体的形状变化和颜色变化等。简单来说，我们可以在手表上，像抚摸猫一样抚摸虚拟人物，随着抚摸力度的不断变化，该虚拟人物会反馈不同的表情和感受，如图 4.4 所示。

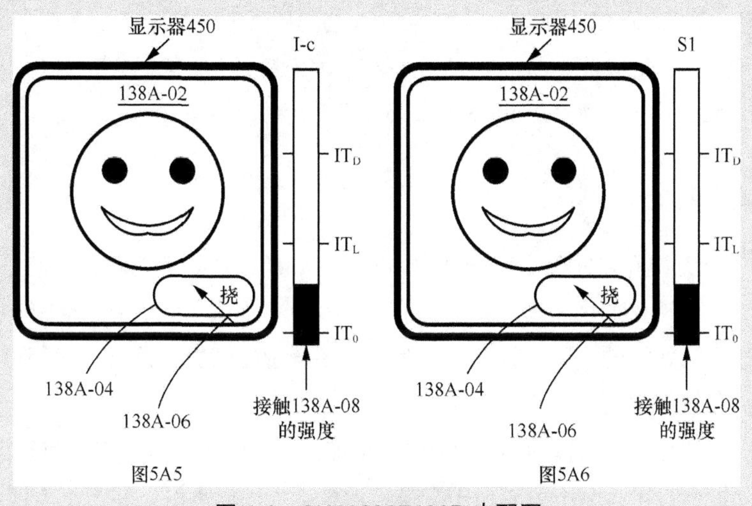

图 4.4 CN108897420B 中配图

这是一个非常情感化的创新案例，将人类情感和虚拟对象通过触觉装置进行串联。当然，通过触觉装置也可以实现很多实用性和功能性的需求。例如，当开启 Apple Watch 的密码设置之后，佩戴时只需输入一次密码，下次抬手使用不再需要密码，这个设计初衷充分考虑使用的便捷性和持久性，毕竟输入密码费时、费力；未佩戴时，每次打开手表都需要输入密码，这是脱下手表以后的防窃手段，能够减少用户的信息损失。正是因为给手表装上了感知是否接触的传感器，才能检测用户是否佩戴。

在这两个例子中，我们看到可以将触摸这个动作作为自变量 x，关联虚拟人物或者密码输入作为因变量 y，从而构建函数关系。

案例 2：通过感知温度变色的奶瓶。

除了感知接触力度和面积，触觉装置还可以让机器感知温度，就像我们的皮肤可以感知冷热一样。

对刚出生的婴儿而言，喝上一杯温度适中的奶是一件十分不易的事情，往往只能通过嗷嗷大哭来反应被烫到了。而新手父母一般很难拿捏奶的温度，而宝宝的需求一般来得很快、很突然，很多时候是大半夜的时候，新手父母没有太多经验，所以常常弄得一团糟。通常，新手父母都是通过自己的双手或者尝一下来感知温度高低的，但是这存在一定误差，而且也不卫生。

有一家企业研发出一种感知温度的奶瓶，将奶瓶温度和奶瓶颜色相关联，温度越高、颜色越浅。他们利用一种特殊的感温材料，当奶瓶中的温度达到 40°以上的时候，奶瓶开始变换颜色，帮助用户判断这瓶奶适不适合婴儿食用。

4．味/嗅觉系统

味/嗅觉系统在目前数字化产品中并不常见，所以此处案例不多。但在智能汽车领域，会逐渐增加对味/嗅觉系统的应用，因为汽车是一个私密的空间。味/嗅觉系统最让大家熟知的应用，就是酒店等公共场合中的烟雾报警器，我们可以理解成这是机器的味/嗅觉。

有一个和冲奶粉类似的与婴儿相关的问题：什么时候应该为婴儿更换尿不湿。为了婴儿舒适，家长会不定时用手去摸、用鼻子去闻尿不湿，非常不方便。

有一家企业研发出一款会变色的尿不湿，一旦宝宝排尿，整个尿不湿就会发生颜色变化，提醒家长更换。其中，尿显原理一般是由热熔型尿显胶和对 pH 值有敏感颜色变化的物质结合在一起实现的，当尿显被尿液淋湿以后 pH 值发生变化就会发生变色现象。也就是说，一旦宝宝排泄，尿不湿外表面就会变色，引起家长注意。

4.2.5 时间和空间

我们对于宇宙最直接的认识，就是时间和空间。这两个变量在整个人机交互过程中，扮演着非常重要的角色，同时，空间和时间的关系，还会衍生出速度和加速度。作为模仿人行为的机器，自然对时间和空间有很多应用。

讲到这里，也许你会有一些疑问：为什么机器要像人或者动物一样去感知世界，我们为什么又要从人的感官角度去看待机器人的感知方式。其实这里面主要有两个原因：第一个原因，从人的角度来组织，对大部分人而言，是更加容易理解和吸收的，也只有充分吸收这些案例之后，才能在自己的脑海里交织形成新的创新；第二个原因，只有让机器拥有人的感知方式，或者部分超越人的感知方式，才能真正从人的角度出发去服务人，帮助人节省时间和精力。

基于本体感觉，我们可以对时间和空间进行多维度的应用。例如，感知到过去多少时间，感知到产品是否保持平衡、是否在运动（加速或者减速）、运动速度多少、运动是朝哪个方向进行的、是否在下落或上升等。

案例 1：节假日不响闹钟。

像闹钟这类自动化的产品，给我们的生活带来了很多便利，一次设置，就能循环生效。但是这种便利的背后，也会有很多意外的体验，例如我设置了一个周一到周五早上 8 点的闹钟，大部分时候的效果都非常好，但是恰好碰到节假日的某一天是周一，本来准备睡个好觉，却被闹钟无情叫醒。

小米闹钟就提供了一种节假日不响闹钟的方案。用户可以在设置一个循环闹钟之后，选择跳过节假日。也就是说，用户设置一个周一到周五早上 8 点的闹钟，系统识别节假日之后，就可以在节假日当日自动跳过闹钟。当然，如果想提升产品体验，避免黑箱效应，闹钟可以在每个疑似节假日的前一天，发送信息给用户确认明天是否正常启动，这不仅可以提升操作效率，同时也在心理上给了用户预期和安全感。

有一个类似的场景也会受到节假日影响，就是线下餐饮的服务时间。有些餐饮企业，尤其是咖啡店，会选择在工作日的某一天进行店休，常见的是周一，主要原因是这一天人流量很小，给店员放假所承受的损失较低。但是这些公布在网络上的营业时间，并不会随之调整，这就导致了用户前往之后发现店铺没有营业，或者原本营业却显示正在休息中。所以，完全可以在特殊日期，给用户一定的信息，避免用户错过。

回顾这两个场景，我们同样可以拆解出，将时间作为自变量 x，将闹钟是否正常运作或者营业时间是否调整作为因变量 y，从而构建函数关系。

案例 2：位置接近，就显示相关内容。

基于地理位置进行内容筛选和信息提示是整个本地生活类产品的核心能力，用户会就近选择可以去的餐厅、酒吧以及游乐场所。例如大众点评这样的提供到店服务的应用，都会希望获取用户的当前位置，从而给用户推送附近的商家信息。类似的应用层出不穷，这里不赘述。

作为全球化产品的 Facebook，考虑到不同国家人员登录之后的感受，会获取用户的地理坐标，从而判断出用户是在东半球还是西半球，并根据用户所属区域，在界面的顶部显示不同的地球图标，例如，在中国登录，界面的顶部就显示东半球的形状。这种现象不只出现在互联网产品中，你仔细观察，可以发现不同国家出品的世界地图都是不一样的，大部分国家会以让自己国家出现在地图相对中间的位置这一角度去布局。

国内部分用户是通过支付宝来完成地铁出行支付的。当用户在闸机口通过支付宝结算之后出站，软件就自动获得当前位置，此时支付宝不仅会显示支付金额，还会在界面上显示各个出站口的信息以及商家信息。

在这 3 个场景中，将位置变化作为自变量 x，匹配预设的内容（预设商家或者图标）显示作为因变量 y，构建 LBS（Location-Based Service，基于位置的服务）的函数关系。

案例 3：微微一动，就能显示时间。

在一定时间的位置移动涉及速度和加速度两个概念。所以，机器和人一样，不仅可以感知时间和空间，也可以像人一样感知下落、旋转等。

Apple Watch 提供一种床前灯模式，其工作原理是设备在充电的时候往往侧放着，此时可以在屏幕上显示一个时钟，但是考虑到用电以及晚上的灯光干扰，只在一定条件下触发，即它的周围有轻微的震动时，会直接触发自动亮屏 5~6 秒来显示当前时间。这是一个专门的设计，用来方便用户夜里起床时知道时间，用户只需要轻敲一下桌子，就可以通过震动唤醒手表的屏幕，而不用拿起设备点亮屏幕。

案例 4：转一转方向，界面跟着变。

通过计算设备的加速度和角加速度等信息，我们可以知道设备是否发生了旋转，而知道相关的旋转信息之后，就可以实现屏幕的调整。最常见的应用方式就是在旋转设备的方向之后，设备的屏幕界面也跟着旋转，从而保持其正对着用户，方便使用。同时，有很多游戏应用会使用这些传感器来实现游戏操作，尤其是赛车类游戏。这里展示几个不常见的人机交互方式，帮助你补充案例库。

现在很多手机应用都支持录音功能，也就是用户可以通过手机记录自己的声音和他人的声音。由于手机不是专门的录音设备，录音依靠手机自带的麦克风实现，而为了方便通话，麦克风一般放置在手机底部，这样刚好符合用户手持电话时的姿态。这种设定导致录音时的一种特别现象：手持手机的用户，为了提升录制的他人声音的清晰度，就会反向拿着手机，让底部的麦克风可以正对声源，然后此时的手机界面就会反过来，对手持手机的用户就不太友好。而在 iOS 7 中的“语音备忘录”就支持 180 度的竖屏旋转，即在录制语音时，如果用户翻转手机，其屏幕界面就会跟着翻转，这在原生应用中是少见的行为。不过非常可惜的是，在后续的迭代中，并没有把这种行为保留下来。

同样，在支付宝的收款码中也存在相似的创新方式。为了让用户之间可以实现快速扫码支付，支付宝为每个用户都提供了二维码收款的功能，对方只需要使用手机扫收款码，就能实现两个用户之间的交易。我们分析整个使用场景就能发现，由于用户手持手机的时候是朝向自己的，而两个人之间往往是面对面的。当用户将收款码面向对方的时候，必然会翻转手机，此时对方通过自己手机的“扫一扫”，将看到一个反方向排列的界面，其中包括头像、文字等元素。而支付宝团队发现了这个问题，并在产品上做出创新：当用户在二维码收款界面翻转手机的时候，其界面也会同步翻转，方便对方查看，从而提升产品体验，如图 4.5 所示。

图 4.5　二维码收款界面翻转

在这个案例中，同样可以得到如下的拆解，将设备方向变化作为自变量 x，匹配界面变换这一因变量 y，从而构建函数关系。

4.2.6　元数据

通俗地说，元数据是一种用于“定义”的数据，通过描述属性（如物品的名称、颜色、大小、拥有者等）去定义事物或提供信息。元数据可以分为以下三大类。

- 固有性元数据：说明数据的元素或属性，具体信息包括名称、大小、数据类型等；或者说明其记录或结构，包括长度、字段、数据列等。
- 管理性元数据：说明数据的管理信息，具体信息包括作者、发布来源、审核者等。
- 描述性元数据：说明数据的质量、环境、状态或者特征等，具体信息包括标题、摘要和关键词等。

注意，个别元数据（如订单状态）可以兼具以上多类属性。

案例 1：日照金山照片。

图 4.6 是我在云南旅居的时候拍摄的一张照片。我们从元数据的视角来分析这张照片。

图 4.6　日照金山

（1）固有性元数据如下。

- 大小：5.6 MB。
- 尺寸：6000 × 4000。
- 类型：JPEG。

（2）管理性元数据如下。

- 拍摄者：林外。
- 拍摄时间：2022 年 3 月 8 日。
- 本次上传者：林外。
- 上传时间：2023 年 5 月 23 日。

（3）描述性元数据如下。

梅里雪山、日照金山、飞来峰、日照、卡瓦格博峰、白雪之峰、雪山之神。

元数据是构成系统的基本元素之一，是系统内部、系统和系统之间连接和通信的重要方式。当我了解这些元数据特性，尤其是那些特殊类型的元数据时，我们就可以自下而上发现产品的改进点，打造卓越细节体验。

案例 2：特别的数据特别处理。

我们用固有性元数据描述一个人，通常需要包含身高、体重、体脂率等。

当用户在不同应用之间进行切换的时候，其相关的元数据是需要实现相同连接的，尤其是具有特殊意义的元数据，如订单号、身份证号、电话号码、URL（Uniform

Resource Locator，统一资源定位符）。

我最早是在 Delivery Status 这个应用上，发现了识别剪切板上的特殊元数据的功能。这是十几年前的一款快递 App，当用户打开此 App 时，它就会访问手机的剪切板，如果此时发现了订单号（例如一串固定长度的数字和字母），它就会弹出一个对话框，询问用户是否创建一个新的 Delivery（快递单号）。用现在的眼光看，这种方式已经普及到所有 App，成了一个标准功能和交互方式。例如，复制一个账号（如手机号码），进入支付宝，系统就会询问是否要打开联系人转账；复制一个银行卡号，打开招商银行 App，系统就会自动弹出一个转账询问对话框；从微信上复制一串淘口令（特殊格式的编码），打开淘宝 App，就会提示是否直接跳转到对应的商品页面。我们都有类似的体验，这确实节省很多时间。

除了金融购物相关的软件，其他 App 也会设计类似的功能。例如，在 iOS 版 Safari 中，我们复制一个文本，长按搜索框，就会显示“粘贴并搜索”，触发浏览器的搜索功能；如果复制的是 URL，就会显示“粘贴并前往”，点击即可直接跳转到对应网页，帮用户减少操作步骤。

由于用户会对某些类型的数据特别敏感，尤其是涉及个人隐私的数据，如工资、年龄、电话号码、浏览记录等，提前为这些隐私数据设计特殊形式，可以避免泄露个人隐私问题的发生。毕竟，解决问题最好的办法是让问题不发生。

举个例子，在正常情况下，我们收发短信都是没有问题的，但是这条短信中如果包含工资信息，一切便利的信息手段就都存在隐私泄露的风险。在有些手机中，会针对工资等银行发送过来的数据进行隐私显示优化，也就是说，当用户收到一条工资短信的时候，手机界面会自动帮助用户隐藏金额，例如“您的账户 2366 于 12 月 30 日 17:13 入账工资人民币***元【招商银行】”。而金额的细节信息，只有在确认手机是机主解锁的之后，才能被完整查看，这就很好地避免了隐私泄露问题。

另外，我曾经在朋友圈上传了一段延时摄影（在 iOS 里默认没有声音），有个朋友评论“竟然是一段没有声音的视频，我还以为是手机扩音器坏了”。对于视频这种数据格式，其实系统会记录其各种数据，包括是否有声音。Instagram 就很好地利用这个数据属性，当用户正在播放一个没有音频的视频，同时用户按音量键试图加大声音时，界面就会提示“No Sound”，解答用户的疑惑。

在上述案例中，我们还是可以拆解其中的逻辑，将特殊元数据作为自变量 x，匹配不同快捷功能或者界面显示作为因变量 y，从而构建函数关系。

案例 3：观看超过 3 次，就改变分享图标，让用户一步触达。

我们用管理性元数据描述一个人，通常包含国籍、户籍、亲友、所在地、每天上网时长等属性。管理性也可以理解成人与事物产生关系后的属性。

通过观察用户对内容的兴趣，可以推荐一些可能的操作，这非常有利于产品体验提升和商业诉求达成。在很多短视频产品中，让用户分享自己感兴趣的内容，是有助于产品裂变的。抖音早期为了提升产品的裂变效果，当用户对同一个短视频观看超过 3 次时，界面上的“分享”按钮就变成带动画效果的绿色“微信”按钮，以吸引用户点击和分享，同时，用户点击就可以直接向微信发送该内容地址，不需要用户进入分享列表里找到“微信”再分享，缩短了产品的裂变路径。这个功能虽然已被限制使用，但是从抖音和用户的产品体验角度来看，是一个很棒的创新方式。

除了根据用户对内容的兴趣进行创新，还可以针对内容背后的人进行创新。在全球化的即时通信产品中，即时属性是深受用户喜欢的功能，然而在跨时区的产品中使用就会出现很多问题，例如当北京的用户处于上班时间时，洛杉矶的用户刚好处于午夜时刻。Slack 作为一款通信软件，当用户处于不同时区的时候，会在处于午夜时刻的用户的聊天界面使用“睡眠 Z”图标进行标注，让发起聊天的用户可以意识到时区问题，避免叨扰到消息接收者。

同样，应用的不同状态数据也可以直观地反馈给使用者，很多应用特别喜欢在浏览器的标签页上标注不同形式的图标。在之前版本的 YouTube 上，该网页处于浏览、播放、暂停等视频状态时，标签页都会使用相应的图标来标注；在 GitHub 上，该网页处于不同发布状态时，标签页上的图标会用不同颜色（如红色、黄色、绿色）的 Logo 标注。数据的不同状态可以非常清晰地透露给用户。

在上述案例中，我们将管理性元数据（播放次数、拥有者状态、系统操作状态）作为自变量 x，配备对应的界面显示策略作为因变量 y，从而构建函数关系。

4.3 人机交互的函数法实战案例

在夏天，露天的车辆往往被太阳暴晒，这导致车内温度较高，用户应该远程打开空调制冷；而在实际操作上，用户往往走到车前才想起要开启制冷，但是车辆制冷一般需要几分钟时间，此时用户就只能在车外焦急等待，这样的产品体验就非常不好。

在数字世界的人机交互中，存在一个基本矛盾：**数字世界中机器软硬件能力迅速提升，远远超过了人类的进化速度，产生了大量数据信息和功能，这给人机交互带来巨大挑战。**

回到具体的产品逻辑上，我们分析用户不知道何时远程打开空调制冷的主要原因如下：

- 不知道功能在哪里，可能是功能的层级太深，也可能是用户看不见功能对应的样式；
- 操作步骤复杂、数量很多，操作难度很大。

其中，后者归因于操作步骤，可以通过调整空调步骤和操作难度来解决问题。通过这样的理解，我们将人机交互的六大自变量 x 作为表格的纵轴，以车辆空调开启因变量 y 作为表格的横轴，并分解出两个操作环节——界面显示以及操作步骤，如表 4.1 所示。由此，我们构建了一张函数表，启发我们进行系统化创新。用每一个自变量去关联因变量，尝试得到一个合理的解法。例如，将上下文作为自变量 x，关联空调开启层级的调整，这样就可以具象出创意：用户靠近车辆时，空调开启按钮的层级，直接出现在用户面前。此时，将所有可能的以及合理的创意用序号 1、2、3 进行标记；接下来继续分析，不合理的创意标记上序号 0，表示放弃。自动开启空调的函数如表 4.1 所示。

表 4.1 自动开启空调的函数

自变量 x	因变量 y：车辆空调开启			
	界面显示		操作步骤	
	空调开启层级	空调界面样式	空调开启步骤数量	空调开启操作难度
上下文	1	0	2	0
历史数据	3	0	4	5
人际关系	0	0	0	0
环境感知	6	0	7	0
时间和空间	8	9	10	11
元数据	0	0	12	0

通过这样的整理，将相关细节具象化、场景化，就会构建出如下创意。

- 创意 1：当用户离开房间的时候（通过手机钥匙与智能家居的距离和连接情况进行判断），判断用户可能会驾车出发，App 弹出开启空调的提示。
- 创意 2：当用户离开房间的时候（通过手机钥匙和智能家居的距离和连接情况进行判断），判断用户可能会驾车出发，App 直接发起空调启动指令，空调空转 15 分钟之后关闭。
- 创意 3：用户经常在周一早上 8 点用车，同时会开启空调；在周一早上 7 点 50 分，App 弹出开启空调的提示。
- 创意 4：用户经常在周一早上 8 点用车，同时会开启空调；在周一早上 7 点 50 分，App 直接发起空调启动指令，空调空转 15 分钟之后关闭。
- 创意 5：用户经常在周一早上 8 点用车，同时会开启空调；在周一早上 7 点 50 分，App 发起语音通话，用户语音确认后直接打开空调。
- 创意 6：当温度传感器感知到车内温度高于 50℃时，向用户发起通知询问是否打开空调。
- 创意 7：当温度传感器感知到车内温度高于 50℃时，车辆直接发起空调启动指令，空调空转 15 分钟之后关闭。
- 创意 8：当用户靠近车辆时（通过手机钥匙和车辆蓝牙连接强弱进行判断），App 提示开启车辆空调。
- 创意 9：当用户靠近车辆时（通过手机钥匙和车辆蓝牙连接强弱进行判断），车辆中控弹出开启空调快速制冷的功能。
- 创意 10：当用户靠近车辆时（通过手机钥匙和车辆蓝牙连接强弱进行判断），App 直接发起空调启动指令，如果用户未上车，远离车辆 2 分钟后自动关闭空调。
- 创意 11：当用户靠近车辆时（通过手机钥匙和车辆蓝牙连接强弱进行判断），App 或车辆发起语音交互，用户确认后开启空调。
- 创意 12：在用户进入电梯前，打开车辆远程启动空调界面，但是因为电梯内信号不足，导致 App 和车辆连接出现异常，车辆直接发起空调启动指令，空调空转 15 分钟之后关闭。

当然不是每个创意都有用，这需要我们有一定判断能力，基于判断进行分析、删除以及合并等操作。同时，也不是所有的创意都适合写成专利，这需要用到第 5 章的知识，从企业维度和《专利法》规定的三性维度进行综合筛选。

值得欣慰的是，这个方法产生的创意中，有多个创意已经被人写成了专利，具体如下。

- 创意 2：用户离开家，车辆就悄悄启动空调（CN201910452582.X 汽车设备控制方法、装置、介质及控制设备）。
- 创意 3 和创意 4：根据历史数据预判用户开车意图，提前打开空调（CN201810887540.4 路线确定方法、系统、车载空调的控制方法及车辆）。
- 创意 7：车内温度高于 50℃，车辆主动启动空调降温（CN201810479244.0 车载空调的控制方法及系统）。
- 创意 8：在用户周围画个圈，用户离开圈之后车辆就启动空调（CN201810176074.9 车载空调的控制方法、系统、计算机设备及车载空调系统）。

同时，还有一些相关的专利可以参考使用，具体如下。

- 冬天开热空调，自动关闭冷风口，线性加热（CN201910355837.0 一种温度控制方法、装置、存储介质及空调出风系统）。
- 用户刚打完球上车，空调自动避开用户，使空调风不吹脸（CN202010889338.2 车辆空调的控制方法、车载终端和车辆）

可以发现，创新是有结构的，也是有规律可循的。

第 5 章　如何选出好创意

在第 4 章，我们利用创新方法可以突破想象力并产生 10 倍的创意，但是事实上，并不是所有的创意都值得写成专利，或者都能写成专利。专利的价值，不只是对个人而言的，更是对整个组织和国家而言的，所以我们也得考虑这些利益相关人的诉求。

在本章，我们会分两部分讲解，给你提供选择创意的标准和技巧。

第一部分，我们从申请的整个流程出发，了解一件专利从创意变成专利交底书，进而变成专利的全流程，以及在这个流程上相关利益人的诉求。从专利申请流程的全局角度，帮助你建立宏观认知。

第二部分，我们分别从企业和国家知识产权局两种视角，提出专利受理和授权过程中最重要的五性，分别是相关性、可见性、新颖性、创造性、实用性。帮助你从众多创意中选出最好的一个，用于申请专利。

5.1　专利受理和授权的全流程

我申请第一件专利的时候，也是摸着石头过河，并不完全了解该在什么时候做什么事情，在申请的过程中踩了不少坑。如果你申请过专利，可能也跟我一样，遇到过类似下面的问题。

- 为什么有些专利申请时间很长，流程非常烦琐？
- 为什么看起来不会通过的专利能通过审批，而我的专利不能？
- 为什么有些专利很容易被部门主管审批驳回？
- 为什么有些专利授权需要 2～3 年，有些专利都快 5 年了，还未成功授权？

如果你也有上述问题，那么本节对你的帮助会很大。在之前的公司，由于我的专利产量很大，我会经历不同的申请周期：有些周期非常短且容易，如区块链技术专利；有些周期却非常长，如 Web 技术专利。同时，我是体验技术方向的专利代表，会经常参与公司月度专利和年度专利的评比工作，并经常接触公司法务和专利代理人，能经常从他们的视角去看待公司专利的方向和审批标准，并且通过接触一些专利审查人员和阅读一些权威图书，我对知识产权授权的机制也有了更新的理解。所以，我会分别从“运动员”和“裁判员”的角度出发，带你了解专利申请流程的全景图，教你用“超纲”的视野看待事物的全貌。

5.1.1 专利申请流程的全景图

专利申请的流程可以分为 4 个阶段：公司内部的受理阶段、国家知识产权局的授权阶段、PCT 国际阶段（通过 PCT 申请国际专利才需要），以及目标申请地的国家阶段（通过 PCT 申请国际专利才需要）。整个过程是非常漫长且复杂的，好在发明人不用事必躬亲，参与所有阶段；同时，也不是所有专利都需要申请国际专利。

所以，国内发明专利真正需要发明人关心的，只有受理阶段和授权阶段这两个阶段。前者在大型企业的流程会更加复杂，在中小型企业就会相对简单；后者是所有发明人和专利代理人需要面对的，只是有些专利授权会相对顺利，并不一定需要与国家知识产权局反复沟通。

- 受理阶段：将创意变成专利交底书，通过内部审批，并协同专利代理人完成专利，最后提交至国家知识产权局。这里是发明人主要产出的部分，涉及多个关键环节，也是本节阐述的重点。

- 授权阶段：国家知识产权局受理之后，对专利进行初步审查、公布、实质审查和授权公告，发明人如果对审查结果不服可申请复审，如果对复审结果不服可提起行政诉讼。不过，整个过程主要由专利代理人和国家知识产权局审查人员进行沟通，涉及发明人的部分并不多，这里不过多阐述。授权阶段的详细流程如图 5.1 所示。

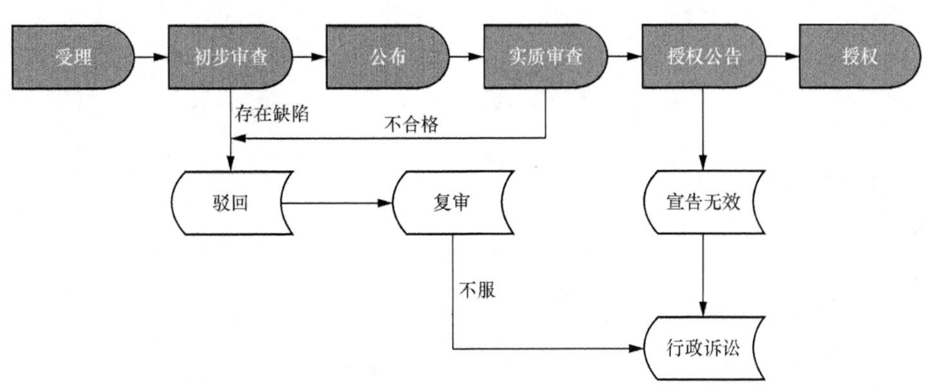

图 5.1 授权阶段的详细流程

接下来将以大型企业的专利申请流程为案例，呈现一个完整的过程，供大家参考。从发明人视角来看，专利受理、授权的全流程如图 5.2 所示。通过这张图，我们可以了解到所有关键利益相关人在关键时间节点上，需要做的事情。如果你是在中小型企业或者科研单位，自然无须经历所有阶段，可以根据自己的需求自动过滤一些不必要的阶段。比如学校等科研单位是没有法务总监以及主管的角色的，自然就不用关心相关阶段的事情。

可见，一件专利从创意变成提案，再变成专利文书，得到国家知识产权局授权，是需要多个角色配合的，还会涉及多个阶段和交付物。更让人难以接受的是时间跨度还很大，一般情况下，一件专利授权完成，至少要 3 年，并且这个流程的复杂程度，还会随着企业规模的增加而增加。

至此，我们对受理、授权阶段的全流程有了初步的认识，接下来根据图 5.2，我们深入横轴和纵轴，一起来看其中的细节。

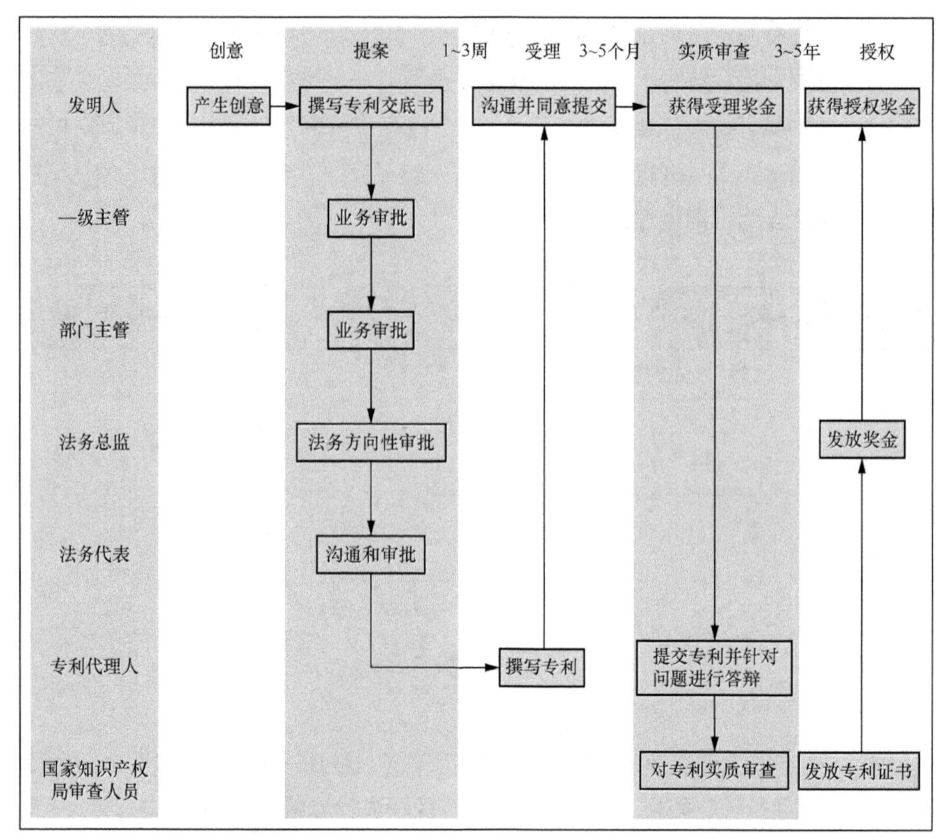

图 5.2 大型企业发明人视角的专利受理、授权阶段的全流程

5.1.2 从横轴看节点

先从横轴看，在节点设计上会涉及**创意、提案、受理、实质审查、授权**这五大节点。当然，每个节点还会有很多旁枝，但对一般发明人而言都是不重要的节点，这里不赘述。

1. 从创意到提案，耗时不确定

一般情况下，很多人产生申请专利的想法，准备撰写专利相关的事宜，都是在项目快结束的时候，一是能为项目增加亮点，二是保护公司的知识产出，在竞争中保护自己。有时候，如果项目非常重要，那么在项目复盘阶段，甚至会有公司法务直接介入，帮忙一起抽象。我支持的区块链项目就是按这种节奏完成的。

还有一种情况，是个人或者团队在生活或工作中发现自己的产品在某部分或生产环节不好用，就想把这个创意变成专利。但是这类专利的申请，从创意到提案所经历的过程不确定，在 6.3.2 节我会分享一个关于“视频通话优化”的案例，我在 2012 年就有了创意，但是在 2015 年才真正提交申请，酝酿了 3 年有余。

但是，无论创意到提案的动机如何，我们都需要拿到一份非常重要的公司文件来作为创意的载体，这个文件叫作专利交底书。根据专利交底书的格式要求，我们将自己的创意逐步录入，同时它也会成为后续内部审批的主要交付物，以及专利代理人理解这个创意的根据。关于专利交底书该如何写，我会在第 6 章具体拆解。

2．从提案到受理，耗时 1～3 周

从提案到受理的这个过程，本质上是发明人撰写专利交底书，其他利益相关人对专利交底书进行审批的过程。虽然它是一个内部流程，但时间跨度非常不稳定，因为其中涉及的内部角色是很多的，不确定的因素也很多。很多人在撰写专利时产生的挫败感，也主要来自这个阶段。

我之前有过专利被部门主管直接驳回的经历，其审批理由是：这件专利和部门方向无关，不建议申请。另外，我也有专利被法务代表直接驳回的情况，其审批理由是：创新性不足；不符合公司专利布局方向。我和法务沟通多次才明白，一般创新性不足是指法务看到公司有人先注册了，或者外部有人注册过了。不符合公司专利布局方向是因为每年公司法务会有明确的专利布局方向，他们会通过延迟审批或者直接驳回的方式，来处理这些不符合公司专利布局方向的专利申请。

3．从受理到实质审查，耗时 3～5 个月

流程进行到这里就意味着，内部审批流程已经走完，公司法务代表已经认可这件专利，并找到合作的专利代理人，开始撰写专利的专利文书（权利要求书和说明书）。首先，专利代理人一般会根据专利交底书与发明人进行沟通，了解这件专利的前因后果以及专利的核心创意，并用专利文书的格式对这件专利进行保护和扩展。然后，专利代理人会将专利文书初稿发给发明人和法务确认，并根据双方给出的修改意见进行优化，直至大家没有疑义。最后，专利代理人所在的公司会将专利文书提交给国家知识产权局，进行专利权益的审核，即进入实质审查阶段。

这里值得强调的是，一旦进入实质审查阶段，也就意味着专利已经公开，同时公司也具备了这件专利的部分合法权益。所以，公司一般会在这个阶段前后，给发明人发放受理奖金。

4．从实质审查到授权发证，耗时 3～5 年

到了这个阶段，意味着国家知识产权局的工作人员会对这件专利的合法性进行审查。如果通过了，就会给所在公司发放专利的授权证书，这意味着公司拥有完整的专利权益，此时公司就会给发明人发放一定的授权奖金。而如果不通过，会有两种可能，第一种是直接驳回；第二种是国家知识产权局的工作人员会给出意见，要求专利代理人和发明人补充相关信息，进行申辩。如果对复审结果还是不满意，发明人可以发起行政诉讼。

总的来说，在这个阶段发明人以被动配合为主，能做的事情非常少。

5.1.3 从纵轴看角色

我们再从纵轴来看，主要涉及这几个利益角色：发明人、一级主管、部门主管、法务总监、法务代表、专利代理人、国家知识产权局审查人员等。

而主要输出内容的是发明人和专利代理人。前者负责撰写发明创造的核心逻辑以及示意图，并提供创意的上下文背景；后者负责撰写专利文书，他们会将发明创造的核心逻辑转换成权利要求书的权利项，并和发明人合作补充说明书的部分内容。至于其他角色，都是审批角色。一级主管和部门主管主要把控创意在业务侧的价值；法务总监和法务代表主要从公司专利战略的角度出发，把控专利方向；国家知识产权局审查人员则审核公司所提交的专利是否可授权，避免恶意申报。

发明人最需要关心的两个角色就是部门主管和法务代表。因为在实操过程中，这两个角色是最容易对专利提案提出驳回意见的。

5.1.4 提升公司内部专利受理率的策略

虽然整个申请流程涉及的角色很多，但是发明人真正需要关心的角色只有部门主管和法务代表。他们是专利内部审批中的关键人物。接下来介绍这两个关键

人物的诉求，以更快、更好地通过内部专利审批，完成专利受理。

部门主管的需求：专利与部门发展有关。

如果你的业务部门有非常强的专利指标，同时这个指标是直接由部门主管推进的，此时提交专利将得到很大的支持。而如果你所在部门没有强专利指标，那么你需要明确所提交的专利和部门的关系，例如和部门自研的技术方向、和部门支持的业务方向、和自己本职工作相关的方向的关系。

法务代表的需求：专利的方向是公司重点布局的方向。

公司法务通常既对专利的“量”有要求，也对专利的“质”有要求。所以，他们的很多动作都会围绕着“量”和“质”这两个字展开。

- 对“量”的要求：一个公司只有一件专利，就像长城只有一块砖一样，毫无价值。法务代表鼓励员工撰写专利最好的手段，就是不驳回提案，这样就能不打击员工的积极性。很多时候，为了激励提案数量，法务代表会采取推迟审批、发放提案奖、线下沟通等方式，来缓解我们专利申请被驳回的“刺痛”。
- 对“质”的要求：类似于长城上的砖，要有堆砌的方向，要有防御的重点，不能东一片、西一片，不然非但起不到防御作用，还会浪费资源。对单件专利的质量评估是极难的，而且在未来可能的专利诉讼中，都是一定数量的组合专利战。所以，专利布局和申请必须有方向和侧重点。一般情况下，公司会制定部署重点，从法务代表的角度出发：公司核心业务≥未来方向>发明人所在部门的技术方向。

那么，结合这两个关键人物的需求，最佳的专利申请策略是：先与本职工作相关，其次与公司核心业务相关，再次与公司未来方向相关。当然，这个策略不是绝对的，因为很多人的工作就是公司核心业务，甚至是公司未来方向。

5.2 受理条件：相关性和可见性

现在我们就已经基本理解了专利的整个申请流程，但是这样就能更容易地通过专利申请吗？当然不能，因为在申请的过程中，一定会出现各种各样的问题。所以接下来将介绍在公司内部审批专利的一些评判标准，参考这些标准去申请专利，可能会更加游刃有余，知道该如何有的放矢地制定专利申请策略了。

有一个观点：专利越奇怪越好通过，也就越会让别人觉得有创新点。这个观点有一定道理，但不完全正确。因为它只从一个维度描述了专利，即新颖性。

实际上，想要搞清楚专利的好坏，需要看谁会参与专利好坏的判断。在本节中，我会先从企业角度来介绍专利审核，毕竟只有企业愿意申请，才能有专利受理这一流程，可以简单将其理解成专利的受理条件；5.3 节～5.6 节会聚焦国家知识产权局的实质审查要求，这是专利授权的主要条件。

一家企业中往往有 3 类人会参与专利审批：发明人、部门主管、法务。不同角色有不同的关注点，例如部门主管往往关注这件专利是否和部门的业务相关；法务更关注之前有没有人申请过这件专利，以及这件专利是否符合企业今年的战略方向。为了更容易理解每个关键角色的利益点，我们可以从企业对专利的态度出发，了解事情运转的底层逻辑。

5.2.1 持有专利是有成本的

企业持有一件发明专利需要大量的人力和物力成本。接下来以发明专利为例，阐述这些成本的分布情况。

1. 企业专利申请费用

在整个申请过程中，主要费用分布在 4 个角色上，分别是专利代理人、国家知识产权局、发明人以及企业内部相关员工。中国发明专利申请费用参照表 5.1。

表 5.1 中国发明专利申请费用

类目	费用	备注
专利代理费	3000～9000 元	市场化运作，与服务质量挂钩
国家知识产权局提交	3450 元	有企业减免政策，符合条件减免约 3000 元
国家知识产权局授权	255 元	不授权，则没有该项费用
发明人奖励	3000 元以上	《专利法》规定最低奖励为 3000 元
员工时间成本	不详	个体差异性巨大，可以通过小时工资来折算

在表 5.1 中，有一部分特别容易被忽视，那就是发明人奖励。在大部分人的印象里，撰写职务发明更像是职责所在，如果企业能给予一定的物质奖励，那皆大欢喜，但事实上，这是一个错误的认知，为发明人发放奖励，不是额外

的善意，而是法定的义务。这份奖励主要分为两部分，一部分是专利授予之后的奖金，另一部分是专利被实施后的奖金。《专利法实施细则》第七十七条规定：

> 被授予专利权的单位未与发明人、设计人约定也未在其依法制定的规章制度中规定专利法第十六条规定的奖励的方式和数额的，应当自专利权公告之日起3个月内发给发明人或者设计人奖金。一件发明专利的奖金最低不少于3000元；一件实用新型专利或者外观设计专利的奖金最低不少于1000元。

如果专利有多个发明人，当前最低奖金可以作为所有发明人的奖金总和，而不是每个人拥有最低奖金。

此外，如果是发明人主动建议而产生的发明创造，那么所属单位（被授予专利权的单位）应当从优为其发放奖金。这里重点体现了法律鼓励员工进行发明创造的精神：发明人不只被动完成职务专利，而且主动向所属单位建议产出发明创造并完成相关的职务工作，这体现了发明人的责任心以及主动精神，所属单位应该在上述最低奖金基础上，追加奖励的金额。

同样，如果发明创造在项目中具体实施之后取得了一定的经济效益，所属单位应当追加给发明人合理报酬。《专利法实施细则》第七十八条规定，被授予专利权的单位未与发明人、设计人约定也未在其依法制定的规章制度中规定《专利法》第十六条规定的报酬的方式和数额时，可以参照如下标准，在专利实施之后，提取当前专利产生的营业利润的一定比例作为报酬给予发明人。例如，对于发明专利或者实用新型专利，该比例不低于2%；对于外观设计专利，该比例不低于0.2%。除了这种按年给予的提成方式，也可以通过协商给予一次性报酬。

当然，在实践中定义一件专利产生的营业利润，是相对较难的，也容易产生纠纷。所以，我之前所在的企业就选择在专利授权之后，一次性给予20 000元额外奖金来买断这种实施报酬。这是一种非常实际且符合多方利益的做法，也符合上述的法律精神。

2. 企业维护专利的费用

企业维护一件专利，预计需要8.2万元左右。如果通过PCT申请国际专利，不同国家的专利，维护费用也不同。表5.2所示的是我国维护一件专利的年费。

表 5.2 中国专利维护年费

年限	费用/元	总费用/元
1～3 年	900	2700
4～6 年	1200	3600
7～9 年	2000	6000
10～12 年	4000	12 000
13～15 年	6000	18 000
16～20 年	8000	40 000

当然，每家企业可以基于自身的需求，来决定持有专利的年限。

5.2.2 持有专利是有收益的

在 1.2.2 节中，我们已经阐述企业撰写专利的优点，也就是企业持有专利的收益。

第一，有利于获得高新技术企业认证。

第二，有利于获得技术认可，提高市盈率。

第三，有利于在企业核心领域和未来战略领域，优先构建防火墙。

除了上述优点，我国着力构建知识产权运营体系，支持建设知识产权运营平台（中心），为知识产权的供需对接、交易流转提供支撑。在未来，专利转让许可也可以成为企业产生效益的重要和实际手段。

5.2.3 苹果和三星旷日持久的专利诉讼案

为了进一步了解专利对企业的价值和风险，我们来看一个案例：苹果和三星的滑动解锁案。

美国最高法院法官保留了 2016 年美国联邦巡回上诉法院的裁决，即三星公司侵犯了苹果公司智能手机 iPhone 上 3 个人气功能的相关专利，包括滑动解锁（8046721 号）、自动更正（8074172 号）和快速链接（5946647 号）等。此外，判决内容还包括具体的赔偿方案：三星侵犯苹果 3 件专利，应赔偿苹果 119 625 000 美元；而苹果侵犯三星一件 6226449 号照片和视频库功能专利，赔偿三星 158 400 美元。其中，三星侵权的主要是 8046721 号、8074172 号和 5946647 号专利，它们的内容如下。

- 8046721 号专利，于 2009 年申请，全名为“通过在解锁图像上执行手势操作来解锁设备”，顾名思义，是通过滑动来解锁设备屏幕的专利。
- 8074172 号专利，于 2007 年申请，全名为“一种具有键盘和触摸显示器的便携式电子设备上的图形用户接口”，简言之即自动更正专利，即允许在用户使用输入法输入文字时智能识别输入错误并予以更正的技术。
- 5946647 号专利，早在 1996 年就已申请，全名为“在计算机生成的数据中对结构执行动作的系统和方法”，即所谓的快速链接专利，实际上指的是允许将用户所输入的地址、电话号码等信息识别出来并转化为链接的技术。

从上述苹果和三星的专利诉讼案中，我们可以看到企业专利战的一些关键因素，例如，双方其实都有侵权行为，而且容易被识别和认定；虽然专利有些是方法，但是都和手机这类实体产品相关，容易计算赔偿金额；手机是双方的核心业务。

5.2.4　受理条件：业务的相关性

企业是需要获取利润的，所以从企业角度来看，申请专利，无非有降本、增效、减风险这 3 个主要目的。但是，如何鉴定这件专利带来了多少收益，是一个业界难题，就好像我们无法确定长城上的哪一块砖起到了防御作用一样。因为专利往往是战略武器，不是战术武器。而只有一定数量的专利，才能作为企业的战略武器，起到战略威慑的作用。所以，我们无法找到一个标准去单独评价每件专利的市场价值，但我们可以从以下几个角度来简单评估。

聚焦业务，即专利需要与企业核心业务相关。如果我们写的专利和企业主营业务无关，就可能会被驳回，尤其是业务聚焦的企业。因为可以写专利的领域太多了，即使是华为这样的大企业，也无法面面俱到。他们选择布局的一定是他们的核心业务所在的领域。

以量取胜，即专利需要在主营业务领域积累一定的数量。只有一件武器，威慑效果是不够的，所以我们需要在某一个领域有足够多的专利数量积累，以清晰地向其他竞争对手表明权利。同时，很多企业也会布局竞争对手的主营业务领域相关的专利，这样做的目的，一是为未来的业务拓展进行布局，二是在竞争中保留后手。前者很容易理解，例如一些做即时通信软件的企业，随着平台的成长，可能会扩展到支付等金融科技相关的领域；而一些做金融科技产品的企业，随着用户需求的发展，也可能会向前寻找场景，涉及即时通信领域。后者主要和未来的专利诉讼有关，虽然我国目前发生的专利诉讼不算多，尤其是大企业之间的专利诉讼不多，但是国外的诉讼经验告诉我们，谁持有双方相关更多的专利，谁就更容易在诉讼中保护自己的利益。

向实而行，即专利最好和实体业务相关。在第 2 章中，我们了解到了产品、方法及其改进，都是可以申请发明专利的。但是，方法类侵权，尤其是免费软件的方法类专利侵权，比较难鉴定赔偿金额。尤其是一些互联网产品的盈利模式，它们的利益并不是通过用户直接使用而获得的，互联网行业内经常把这种方式称作“羊毛出在猪身上”。这就导致侵权的专利不产生直接的盈利。如果是硬件产品相关的，在计算赔偿费用时，通常是按销售的件数来计算的。如果侵权方拖延赔偿，完全可以通过要求禁售来督促。所以近 10 年，在高新技术企业中典型的专利案例，都与设备制造商有关，例如，苹果和三星的专利诉讼、诺基亚收取专利费案、华为的 5G 案。

5.2.5 受理条件：侵权的可见性

可见性是指企业要能发现谁盗用了专利。

发明在本质上是以公开换取独占。公开就意味着告诉别人，这个发明创造具体是怎么做、怎么实现的。如果企业没办法发现对方的抄袭行为，那么根本无法确认侵权，也就无法维权。举个例子，大部分企业的测试方法，一般都不会去申请专利。因为测试往往是一个内部活动，企业很难知道对手用了什么测试方法。所以，测试方法的好和坏，与申不申请专利没有什么关系。

当然，不是所有有价值的事情都要申请专利，很多机密是从来不公开的，例如可口可乐的配方。

5.3 授权条件和现有技术

授予专利权的发明和实用新型，应当具备新颖性、创造性和实用性。

……

本法所称现有技术，是指申请日以前在国内外为公众所知的技术。

——《专利法》第二章第二十二条

在这段法律条款里，除了介绍了新颖性、创造性和实用性 3 个授权（授予专利权）条件，还重复提到现有技术。上述条款中，对现有技术定义为申请日以前在国内外为公众所知的技术。为了方便理解，我们将现有技术拆成两部分来讲解：时间界限和公开方式。

5.3.1 时间界限：申请日

申请日就是提出专利申请之日。这个日期在我国乃至世界知识产权领域都是非常重要的概念。结合《专利法》，以及《中国专利法详解》的背景介绍，我将申请日的多个重要意义总结如下。

- 第一个，先申请的，优先授权。我国采用先申请原则，也就意味着一模一样的发明创造，分别由两个不同申请人申请时，第一个申请的人会被授予专利权。
- 第二个，在申请其他国家专利时，申请日也是优先权日。前文提到，我国于 1993 年加入 PCT。这意味着，如果一个发明创造已经在我国提交了专利申请，此时该发明创造的申请人又将同一个发明创造在规定时间内向其他国家（例如美国）提交专利申请，那么在我国的申请日成为在其他国家的优先权日。这对做国际化产品的企业非常重要，只要在国内提交了这件专利，那么通过 PCT 去国外申请也是用的这个日期，这就避免了产品内销转出口的时候，被别人抢先申请专利。
- 第三个，申请日是发明专利的实质审查请求的 3 年期限的起算日。一般提交完发明专利之后，只有通过实质审查，才能正式被授予专利权。而这个时间对国家知识产权局是有要求的，也就是必须在申请日之后 3 年内，完成审查动作，这也是为了约束行政权利。
- 第四个，申请日是专利保护期限的起算日。如果是发明专利，专利保护期限就是申请日之后的 20 年；如果是实用新型专利，则是申请日之后的 10 年。你可能会有疑问：申请人提交发明创造之后，相当于对外公开了自己的技术方案，此时有人侵权该如何处理？实际操作很简单，先保留证据，等待实质审查结果出来。如果获得专利权，则可以起诉申请日之后的侵权行为；如果没有获得专利权，就无法起诉侵权。

■ 第五个，申请日是后续缴纳专利年费数额的依据。如果被授予专利权，就从申请日开始补交年费。

申请日的确定，对申请人而言是非常重要的，而如何确定申请日，我们可以参考《专利法》第二十八条：国务院专利行政部门收到专利申请文件之日为申请日。如果申请文件是邮寄的，以寄出的邮戳日为申请日。

申请日的确定还与申请人提交的请求书、说明书的质量相关。如果材料存在严重问题，涉及了《专利法实施细则》所列的缺陷，那么可能会被取消申请号，导致申请日无法使用。如果材料存在的问题不大，一般情况下国家知识产权局不会苛求完美，会让申请人随后自行补充，或者在初步审查、实质审查中经由审查人员指出后予以补充和修正。

5.3.2 公开方式：为公众所知

2002 年修订的《专利法实施细则》第三十条规定：

> 专利法第二十二条第三款所称已有的技术，是指申请日（有优先权的，指优先权日）前在国内外出版物上公开发表、在国内公开使用或者以其他方式为公众所知的技术，即现有技术。

这是对现有技术的详细说明，重点补充了对公众所知的一些定义。结合《中国专利法详解》，常见的“公开方式”有如下几种形式。

1. 出版物公开

出版物公开以“书面方式”来披露信息，其中出版物可以是印刷制品，如图书、杂志、说明书等，也可以是各类数字化产品，如数字胶片、光盘、磁带等。用作新颖性判断的出版物，还包括专利文献、图书、科技期刊、论文、技术手册、使用说明书，以及公开的会议记录。同时，出版物不局限于国内，也可以是国外出版社各个语种的，只要公开发表，能使公众获得，就可以构成现有技术。

出版物的设定并不仅限于现有专利给审查带来了困难。在 5.4 节和 5.5 节会提到新颖性和创造性，审查人员主要是比对现有专利来确定新申请是否可以授权的，并不会比对所有现有技术。因为检索现有技术的工作量实在太大，同时对审查人员而言也很难穷举出所有对比物。在实际审查中，审查人员一般只比对现有专利，同时通过自身的领域经验来判断是否和现有出版物重合。

2. 以其他方式公开

除了“书面方式”，法律条款还约束了其他公开方式，包括使用公开、销售公开、展示公开、口头公开等。例如，A 产品使用一个发明创造但是没有申请发明专利，逻辑上这属于使用公开，而竞争对手 B 看到这个机会并申请这个发明专利，按照法律定义这个申请应该不符合新颖性要求，因为它是现有技术。然而，审查人员并不是全能全知的，而且如果他只查询专利库里的现有技术，就很难发现这种使用公开，同时也很难发现销售公开、展销会的展示公开、公开演讲的口头公开等，这就导致审查人员会误判，最终授予 B 专利权。这种结果其实是违背《专利法》精神的，虽然《专利法》强调“先申请，先授权”，但是也在极力避免恶意剽窃。

所以，现有技术的定义这样宽泛，是为了在实际问题中有足够的法律依据对具体案例做出判断。假设竞争对手 B 申请了专利，并向 A 发起了专利诉讼，根据现有法律只要 A 不扩展这件专利的使用范围，是不侵权的，因为他使用在先；同时，A 也可以根据现有技术中的使用公开定义，以不符合新颖性要求，请求行政机关重审这件专利，终止 B 的专利权或者使之无效。虽然不同的条款之间，会有一些重合乃至区分不清晰的部分，但是并不妨碍具体问题具体解决，避免陷入教条主义。

5.4 授权条件：新颖性

> 新颖性，是指该发明或者实用新型不属于现有技术；也没有任何单位或者个人就同样的发明或者实用新型在申请日以前向国务院专利行政部门提出过申请，并记载在申请日以后公布的专利申请文件或者公告的专利文件中。
>
> ——《专利法》

5.4.1 不属于现有技术

符合新颖性要求，就意味着新申请的发明创造不属于现有技术。而现有技术的定义，可以回看 5.3 节的详细阐述。

5.4.2 没有多人申请同一件专利

“也没有任何单位或者个人就同样的发明或者实用新型在申请日以前向国务院专利行政部门提出过申请，并记载在申请日以后公布的专利申请文件或者公告的专利文件中。”这是满足新颖性的另一个条件。简单来说，就是同样的发明创造，没有多人同时申请。而有多人同时申请一个发明创造的现象，在法律法规上被叫作“抵触申请”，是一种损害新颖性的专利申请。如果发生上述抵触申请的现象，即多人申请同一个发明创造，在后的申请，都不具备新颖性，就不能被授予专利权；在先的申请才具备新颖性，可以进入后续的审查流程。谁先申请，谁才可能被授权。

还有另一种场景，就是一个发明人就同一个发明创造，既申请了实用新型专利，又申请了发明专利。一般情况下，实用新型专利会比发明专利更早授权，所以就会导致同一发明创造已经被授予实用新型专利，同时还在进行发明专利的实质审查。此时，根据法律法规规定，发明人必须做出决断。

《专利法》第九条规定同样的发明创造只能授予一项专利权。但是，同一申请人同日对同样的发明创造既申请实用新型专利又申请发明专利，先获得的实用新型专利权尚未终止，且申请人声明放弃该实用新型专利权的，可以授予发明专利权。也就是说，发明人只有放弃到手的实用新型专利，才能被授予发明专利权。

5.4.3 新颖性的 5 种常见审查方式

根据《专利审查指南 2010》的定义，我列举了 5 种常见的审查方式。

1. 相同内容的发明

技术内容完全相同，直接地、毫无疑义地对确定的内容进行简单的文字变换，以及顺序变化或者减少相关词。例如：

现有专利：一台汽车，包括汽车轮胎、智能座舱、制动系统和电池系统。 新申请：一台汽车，包括车轮、制动系统、智能座舱和电池。

那么这个新申请，是无法完成新颖性审查的，因为它只是对现有专利进行简单的复述和文字变换。

2. 上位概念和下位概念

上位概念和下位概念，可以理解成文字的上下包含关系。例如，金属是上位词，金、银、铜、铁是下位词。使用不同的概念申请的专利，在实际保护上有很大的区别。

假设一个现有专利，以下位词来申请：

一种电池，使用铁作为电芯的储能单元。

此时，有人以上位词来申请新的专利：

一种电池，使用金属作为电芯的储能单元。

那么，这个申请不具备新颖性要求，会被驳回。但是，以铁为主要储能单元的专利，并不能限制以“金、银、铜”为储能单元的专利，这些专利可以通过新颖性审查。

假设一个现有专利，以上位词来申请：

一种电池，使用金属作为电芯的储能单元。

此时，有人以下位词来申请新的专利：

一种电池，使用铁作为电芯的储能单元。

那么，这个申请可以通过新颖性要求，不会被驳回。

这对发明人而言，就需要将发明创造抽象到足够合适的粒度，如果贪多想保护更大的范围，有时会导致具象场景无法被保护；同时，范围太小也不合适。而我在实践过程中，发现发明创造应该“接地气”，那些更加接近使用场景，并对当前场景进行一轮抽象的，就可以确定比较好的保护范围，同时这比过度抽象更容易获得授权。

3. 惯用手段的直接置换

惯用手段的直接置换，可以理解成当前领域的技术人员在解决某个问题时熟知和常用、可以互相置换，且产生与预期效果相同的技术手段。例如：

> 现有专利：公开了采用螺丝钉固定的装置。
>
> 新申请：仅将该装置的螺丝钉固定方式更换为螺栓固定方式。

该申请无法通过新颖性审查要求。

4. 数值和数值范围

如果要求保护的发明或者实用新型中存在以数值或者连续变化的数值范围限定的技术特征，例如部件的尺寸、温度、压力以及组合物的组分含量等，而其余技术特征与对比文件相同，则其新颖性的判断应当依照以下各项规定进行。例如：

> 现有专利申请锂电池镍钴锰的配方比例，其中镍的占比是 60% ~ 80%

现有专利和新申请的数值会存在 3 种关系（见图 5.3），分别会得出以下结论。

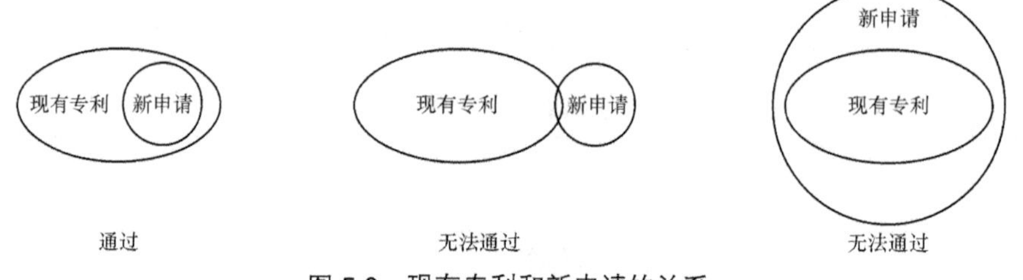

图 5.3 现有专利和新申请的关系

- 新申请是现有专利的子集，通过。例如，新申请中镍的占比是 65% ~ 70%，刚好是现有专利的子集，这个申请就可以通过新颖性审查。
- 新申请和现有专利有交集，不通过。例如，新申请中镍的占比是 55% ~ 70%，刚好与现有专利有交集，这个申请就无法通过新颖性审查。
- 新申请是现有专利的父集，不通过。例如，新申请中镍的占比是 50% ~ 90%，刚好是现有专利的父集，这个申请就无法通过新颖性审查。

申请范围越小，保护的权益越强。从上面的论述，我们会发现一个奇特的现象，在权利项中范围要求小，不仅更容易通过新颖性审查，而且在未来权益保护上更强。以一个极端例子来解释这个现象。假设，我发现镍的占比是66%的时候，电池效能最好，故而申请了这个比例的专利。第一，这件专利非常容易成为现有专利的子集，所以很容易通过审查；第二，申请范围小，导致未来的新申请很难钻空子，只要它包含66%这个值，就无法绕开这件专利，即使是65.9999%～66%，都无法通过审查。

专利的申请和权利项的提出，一定要基于现实场景的实践，要做有用的申请。聪明的你应该已经发现，如果范围太小，有可能其他人完全不用这个范围的值，那是不是意味着这个发明也没有什么保护意义呢？理论上，是这样的，例如我申请的 66%并不是最佳值，那就导致这件专利完全没有保护价值，纯粹浪费物力和人力来做了无用功。所以，这个法律精神背后，也是在传达一个倾向：希望发明人做有实际价值的专利，而不是空想；同时，会给予有价值的专利最强的权益保护。

当然，还有第四种关系，就是新申请和现有专利没有任何的数值交集，那就不会触发新颖性审查。

5. 包含性能、参数、用途或制备方法等特征的产品权利要求

产品权利要求主要有以下 3 种。

（1）包含性能、参数特征的产品权利要求。如果所属技术领域的技术人员根据该性能、参数无法将要求保护的产品与对比文件产品区分开，则可推定要求保护的产品与对比文件产品相同，这件专利不具备新颖性。例如，新申请一种火药A，但是现有专利中已经存在火药A，同时根据双方公开材料，无法将这两种火药区分开来，此时新申请就会因为新颖性不足而被驳回，除非申请人能够证明自己的这种火药在性能、参数上与已存在的火药有明显的差异性。

（2）包含用途特征的产品权利要求。如果该用途隐含了产品具有特定的结构和/或组成，即该用途表明产品结构和/或组成发生改变，则该用途作为产品的结构和/或组成的限定特征必须予以考虑。例如，手机屏幕和电视机屏幕，虽然在结构和样式上有些相同，但是两者的用途和使用场景有巨大的差异，所以这是两个不同用途的产品。

（3）包含制备方法特征的产品权利要求。如果申请的权利要求所限定的产品与对比文件产品相比，尽管所述方法不同，但产品的结构和/或组成相同，则该权利要求不具备新颖性，除非申请人能够通过申请文件或现有技术证明该方法导致产品在结构和/或组成上与对比文件产品不同，或者该方法给产品带来了不同于对比文件产品的性能，从而表明其结构和/或组成已发生改变。例如，新申请一种火药 A，通过冷冻工艺，让这种火药只在一个设定温度时才会被点燃，从而与现有专利的火药区别开来，那么这个申请就可以通过新颖性审查。简单来说，制作方法的不同，导致了产品具有不同的微观结构，从而导致两者不同，可以将其看作两个产品。

5.4.4 发明人感悟

新颖性，从狭义的角度来看，指的是“人无我有，人有我优”。“人无我有”是新颖性最多的来源。TRIZ 将所有的发明专利分成了 5 个等级。其中，第五个等级是最高级别的创新，例如特斯拉发明交流电。但是第五个等级占所有发明专利总量的 1%以下，大部分的专利都是爱迪生改进电灯泡式的微创新。比别人更快、更早发现改进，并申请到专利，是获取新颖性的最快途径。

举个反面例子：我们要申请的专利是 Web 2.0 技术，那大概率也会驳回，因为这个技术发展太久了，太成熟了，以至于所有我们能想到的地方，都可能曾经有人想到过。就算是写了前人遗留的旷世专利，也不一定有价值。因为我们知道了，一件专利从撰写到受理，再到授权，需要 3 ~ 5 年；同时，等我们找到侵权证据，又得好几年；到那时，Web 2.0 技术的专利可能就完全过时了。当然，这可能是有意义的事情，但是作为专利却没有价值。如果写 Web 3.0、元宇宙、区块链等技术，可能很容易具有新颖性。无它，先发而已。

5.5 授权条件：创造性

> 创造性，是指与现有技术相比，该发明具有突出的实质性特点和显著的进步，该实用新型具有实质性特点和进步。
>
> ——《专利法》

创造性的诞生是为了弥补新颖性带来的问题。一个发明创造足够新，确实能符合新颖性的诉求，但是如果所有新的技术方案都被授予专利，就会产生过多的专利，从而导致正常的经营活动无法继续下去。尤其那些新的发明创造是当前领域的技术人员很容易想到的技术方案，它们被授予了专利权，将会制约社会的进步。

例如，当父母泡牛奶的时候，如果水温很高，孩子不能直接饮用，此时父母就可以选择用冷水冲刷奶瓶表面，让其快速降温，这是大部分父母（可以理解为当前领域的技术人员）都会想到和用到的方案。如果有人将这个方法或者装置申请了专利，就意味着可以向大部分人索取专利费，这就给社会的正常运作带来了问题。在这个案例中，我们可以看到，过于简单或者当前领域技术人员可以想到的技术方案，不应该被申请专利，也不会被授予专利权。

再例如，苹果的滑动解锁是一个非常具备创造性的人机交互方案，它解决了触摸屏时代解锁手机的问题，并用了一种不太容易想到又很有创造性的方法：当来电时，屏幕会出现一个可滑动的滑块，用户滑动滑块之后就能解锁屏幕；同时，用户的手机放在口袋里（光线传感器感知到非正常接通环境），此时接通的方式就从滑块解锁变成按钮解锁，从而避免手机在口袋里滑来滑去导致误接听电话的情况。所以，合格的专利必须具备创造性，还必须适度拓展技术边界。

我们回到创造性的定义上，可以发现发明和实用新型的主要相同点是实质性特点和进步；不同点是发明专利要求显著的进步。接下来从发明和实用新型的相同点和不同点切入，展开聊聊创造性。

5.5.1 具有突出的实质性特点

> 发明有突出的实质性特点，是指对所属技术领域的技术人员来说，发明相对于现有技术是非显而易见的。如果发明是所属技术领域的技术人员在现有技术的基础上仅仅通过合乎逻辑的分析、推理或者有限的试验可以得到的，则该发明是显而易见的，也就不具备突出的实质性特点。
>
> ——《专利审查指南 2010》

简单来说，发明专利的实现过程和利用方法必须有差异性，不是现有技术方案的简单分析、推理或者试验；其中，实用新型专利和发明专利不同，只需要具备实质性特点即可，不需要有突出的实质性特点。我们将前文提到的“滑动解锁”作为一个案例来理解，现有的技术方案是指当来电的时候，用户可以通过从左往右滑动屏幕上显示的滑块解锁屏幕。我尝试做了 3 种不同类型的新方案，我们一起来看看哪些不满足突出的实质性特点。

■ 方案一：当来电的时候，用户从下往上滑动滑块解锁屏幕。

■ 方案二：当来电的时候，用户在屏幕上随机选取一个地方滑动解锁屏幕。

■ 方案三：当来电的时候，用户重按屏幕达到阈值解锁屏幕。

这 3 个方案要解决的问题是相同的，只不过用了存在差异性的方法来解决，所以必须和现有技术来进行对比。

■ 方案一不具有突出的实质性特点，甚至都不具有实质性特点。因为只是将滑动方式从左往右改成了从下往上，是一个非常显而易见的方案，现有领域的技术人员通过推理和简单试验就可以得到。

■ 方案二具有一定实质性特点，但是不突出。因为它更改了现有技术方案一个重要的设定，将滑动滑块改成了滑动屏幕上任意位置。不突出的原因在于它和现有技术方案相同，都是利用电容屏在受力之后会产生电流的特征，并记录用户手指滑动带来的轨迹，从而将机械信号转变成电信号，实现屏幕解锁，同时两个方案达到的效果又是非常相似的。

■ 方案三具有突出的实质性特点。因为它利用了不同的工作原理，识别用户重按需要一个新的技术方案（3D Touch），这和传统的电容屏受力方案不同，同时它在人机交互上也产生了不一样的互动方式，即通过识别用户按压的力度而不是用户的手势来完成解锁动作。

还有一种常见的不符合“突出的实质性特点”的判断场景：虽然相关专利没有明确提及，但是新申请是利用公知常识，即当前领域惯用的手段，或者教科书、工具书中披露出来的技术手段实现的。例如，新申请的发明创造是在澡堂使用一种木质建材构建天花板，主要解决受热之后不容易凝水的问题，从而解决成本问题和洗澡体验。对比现有技术方案，发现有类似的建筑构造，也指出了使用一种便宜和吸水的材料，但是没有明确提出使用的是木材。但是木材是澡堂天花板常见材料，是公知常识，所以新申请就不具有突出的实质性特点。

5.5.2 具有显著的进步

> 发明有显著的进步，是指发明与现有技术相比能够产生有益的技术效果。例如，发明克服了现有技术中存在的缺点和不足，或者为解决某一技术问题提供了一种不同构思的技术方案，或者代表某种新的技术发展趋势。
>
> ——《专利审查指南 2010》

简单来说，利用发明专利，需要产生明显的有益效果；而利用实用新型专利，只需要产生有益效果。突出的实质性特点，强调的是方法的差异性；而显著的进步，强调的是通过这个方法产生的结果的差异性，而且是有益的差异性。这里值得重点提出，所有创造性的审查，都是将新的申请和现有专利（现有技术）进行比对，从而得出差异性的，如果没有相关的现有专利，新申请的通过率将大幅提升。这呼应了专利的新颖性要求，即谁更早申请，谁更容易受到保护。

对显著的进步的判断方式，主要有以下几种。

- 与现有技术相比具有更好的实现效果，更加“多快好省”。这一点很容易理解，即使得产量提升、用户体验更好、环境污染减少、成本降低等。
- 提供了一种不同构思的技术方案，其技术效果能够基本上达到现有技术的水平。这一点也是被反复提到的，新的发明创造产生的效果不一定能够超过现有技术产生的效果，有时只是提供了一种技术手段的可能性和多样性，但这也是值得鼓励的。
- 代表某种新技术发展趋势。这两年区块链、新能源汽车、云计算等方向的专利层出不穷，原因之一是专利制度在引导技术发展方向。
- 尽管发明创造在某些方面有负面效果，但在其他方面具有明显积极的技术效果。任何的发明创造都是对现有实际的一定抽象，所以适配到新的场景时，不可避免地会产生磨合问题，所以只要它的核心效果足够积极有效，就完全符合要求。最典型的例子就是药物类发明，任何药都具有一定的副作用，但我们更加关心它在治疗疾病上的作用。

5.5.3 6 种创造性发明类型

《专利审查指南 2010》中，提到了 6 种常见的创造性案例，接下来我们将一一拆解和举例说明。

第一，开拓性发明：一种全新的技术方案，在技术史上未曾有过先例，为人类科学技术在某个时期的发展开创了新纪元。

这几乎是所有人对发明专利的初始认识，也导致很多人对其望而却步。例如，我国的四大发明（指南针、造纸术、活字印刷和火药），特斯拉的交流电，以及蒸汽机、白炽灯、收音机、雷达、计算机和飞机等。这种开拓性发明，为人类科技的进步拓展了边界。这一类发明占比非常低，如果借用 TRIZ 的 5 个等级来定义，属于最高等级，占总数的 1%不到。甚至，最近 30 年人类一直处于技术改良和应用期，全新的技术浪潮并没有完全成型（例如，量子计算、区块链等革命性的技术尚未大规模商业化）；同时，专利的申请数量相比几十年前大幅提升，导致这种开拓性发明占比可能只有千分之一，甚至万分之一。

所以，我们完全可以以技术先哲为榜样，“抬头看天”开拓新纪元；同时，也可以放下不切实际的期待，脚踏实地写自己的专利。虽然绝大部分的专利，都无法开拓新纪元，但是每件专利都是推动人类进步的一份力量。

第二，组合发明：将某些技术方案进行组合，构成一项新的技术方案，以解决现有技术客观存在的技术问题（产生 1+1>2 的效果）。

在第 4 章中，重点提到了这种组合发明的案例和方法。同时，我发现在数字技术相关的领域中，这种组合发明的占比非常高，在我看过的上千件发明专利中，这种类型的发明创造可以达到六成以上，这确实是互联网、新能源汽车等数字技术领域最重要的创新方式。在第 4 章中，我将这种创新现象归因于函数思想的影响，把这种方法在数字技术领域的应用叫作函数法。

解释什么是组合发明，可以用《美食总动员》里的一句话来解释：土豆是一种味道，番茄是一种味道，组合在一起产生一种新的味道。这种味道可能会比单独使用土豆或番茄更美味。

《专利审查指南 2010》中举过一个经典案例，一个带有电子表的圆珠笔的发明。电子表原来是用作计算时间的，而圆珠笔是用来写字的，这是两个完全不同的产品，它们就像土豆和番茄，发明人就像一个大厨，将这两个无关产品结合在一起。电子表会计算圆珠笔的使用时间，当时长超过阈值时，就会暂停圆珠笔的供水，强制让用户休息。这两个产品的叠加，并不只是单纯的物理上的叠加，而是产生了一种全新的化学反应。

受到这个案例的启发，我想出了一个带电子表的自动升降座的发明。同样是将电子表和一个物品结合在一起，却能产生完全不同的积极效果。电子表通过升降座自带的压力传感器感知用户正在使用升降座，当用户保持当前姿态的时长超过阈值时，升降座将提醒用户或者强制升起或者降落，使用户改变姿态，避免久坐或者久站。

第三，转用发明：将某一技术领域的现有技术转用到其他技术领域的发明创造（尤其是全新领域）。

前文带电子表的自动升降座的案例，除了是一个组合发明，还转用了之前的发明（带有电子表的圆珠笔），这种转用不仅跨了领域，还产生了积极效果。所以，这就是一种非常典型的转用发明。

而这类发明创造在整个发明专利的占比也很高，是创新的常见手段（例如，将水利行业中的优秀专利应用到电力行业），即使在一些开拓性发明出现之后，我们也会将前人遗留下来的优秀方法和概念，调整后应用到新的产品上。例如，汽车取代马车之后，我们能在汽车上见到马车的影子（描述汽车动力时会用马力的概念）。值得注意的是，转用发明往往和其他发明类型搭配使用，例如可以转用开拓性发明，也可以转用组合发明，就像带电子表的自动升降座的案例。

我在专利研究时看到过大量这样的案例。例如，手机上的人脸解锁技术是一个现有专利，而我最近看到多种汽车上的人脸解锁技术应用，包含车辆解锁、车内用户账号设置等。尤其在一个全新领域出现之后，原有领域的优秀专利可以通过转用的方式，继续推动人类技术进步。

所以，基于这样一种思考，我会在第 7 章向你展示最近 10 年非常优秀的互联网、新能源汽车领域的专利，期待对你有所启发，从而在元宇宙、云计算、AR（Augment Reality，增强现实）领域产生更多、更符合当前场景需求的转用发明。

第四，选择发明：从现有技术中公开的宽范围中，有目的地选出现有技术中未提到的窄范围或者个体的发明创造。

在 5.4 节中提到过“数值和数值范围”的判断方式，而选择发明的原理，和这个原理非常相似。这里还是以锂电池镍钴锰的案例来说明。假设镍在锂电池中的占比达到 60%～80%，同时镍是一种高成本的过渡性金属，导致电池价格居高不下。新申请通过特殊的萃取工艺，降低镍的比例至 50%，同时电池性能还能提升 10%。新申请通过选择特定的窄范围，在降低成本的同时还能提升产品性能，就可以定义为选择发明。

第五，已知产品的新用途发明：将已知产品用于新的目的的发明创造。

在《专利法》的概念里，产品是一个实体的概念（可以理解成硬件产品），而不是互联网里的虚拟的概念。同时，在产品新用途的确定上，需要考量技术领域的远近，以及带来的差异性效果。

假设 A 可以用作机械产品的润滑剂，现在发现 A 也可以用作同一领域的切割剂。这种用途不具备创造性，因为它只是应用了已知材料的已知性质。

假设 X 可以用作木材的杀菌剂，但被发现也可以用作除草剂，杀害某种害虫，而不在草里残留。那么考虑到应用了产品的新特性，而且产生了意想不到的效果，所以该用途具备创造性。

第六，要素变更的发明：包括要素关系改变的发明创造、要素替代的发明创造和要素省略的发明创造。

发明创造的要素关系改变，是指该发明创造和现有技术相比，其形状、尺寸、比例、位置和作用关系发生了变化。例如，一家空调品牌改变挂式空调的形状，让其出风口有类似飞机翅膀的形状，同时调整空调摆叶的最大值。夏天借助康达效应，冷风贴屋顶送风，凉意自然下沉，形成无风感活动区；冬天制热时使暖气流呈 90°垂直贴壁下行蔓延至整个地面，避免用户头热脚冷。该发明创造利用形状和位置的变化，解决现有空调技术方案的弊端，避免夏天冷风直吹人，冬天热风只暖房顶的糟糕体验，从而有突出的实质性特点和显著的进步。

要素替代就是把原有技术方案中的一部分，替换成其他已知要素。例如，现有电车的制热方式，都是通过电池驱动空调来制热，但是这种制热方式在寒冷条件下效率非常低，而且电池在寒冷条件下还存在无法启动的情况。现在有一个可以解决这个问题的发明创造：具有烧油能力的增程式（混动）电车可以在寒冷条件下，将电池驱动替换为发动机驱动，通过烧油产生热量加热水箱，从而通过水暖的方式提升空调的制热能力，车内温度升高，电池环境温度也会升高。这是一个实际申请案例，也充分体现要素替代是可以申请专利的。这里的关键在于，这种替换不只是简单地替换了原有技术方案的一个要素，而且带来了突出的实质性特点和显著的进步。

要素省略，从创新方法上可以叫作减法，即减掉原有产品中一项必要的能力，例如，一款只能接听但是不能拨打的电话。原本电话具有接听和拨打功能，这是所有电话都具有的基本要素，而这个创新产品减少了拨出按钮导致无法对外拨打电话。你乍一听肯定觉得这种设计很奇怪，但实际上很多地方必须安装电话，从而接听其他人的呼叫，但是电话很容易被人占用，导致产生不必要的费用以及错过关键外部呼叫。这个创新产品虽然减少了拨出按钮这个基本要素，但是可以正常接听电话，同时还具有突出的实质性特点和显著的进步。

5.6 授权条件：实用性

实用性，是指该发明或者实用新型能够制造或者使用，并且能够产生积极效果。

——《专利法》

在要求了新颖性和创造性之后，会产生新的问题：人们为了提升专利通过率，会去申请大量不应用于实际生产的专利。这违背了专利制度的设置初衷，也会极大地浪费国家和社会的资源。所以，合格的专利还需要具备实用性。

“给我一个支点，我将能撬起整个地球。”这句话，如果从实用性的角度来分析，会发现它无法申请专利。一方面，这句话是抽象的说法，无论是支点还是杠杆，都不可能实际找到；另一方面，撬起地球这件事情本身没有明显的积极效果。

从这个案例出发，我将具体介绍专利实用性的两个特征：能够制造或者使用；能够产生积极效果。

5.6.1 能够制造或者使用

制造或者使用指的是这个产品可以在某种产业里被制造，或者这个方法可以在某种产业里被使用。通过 2.1 节可以知道发明必须是对产品、方法或者其改进所提出的新的技术方案。所以，如果我们申请的是一个产品，那么从实用性出发，这个产品必须能被制造出来；方法和技术方案同理，它们必须能被使用。

同时，在实用性的定义里看到的“能够”，指的是有可能被应用，而不是已经被应用。也就是说，并不是只有已经应用在产品里的专利申请，才能被授予专利权，一个计划应用在未来产品中的专利申请，同样可以被授予专利权。这意味着，发明人需要通过专利的说明书向审查人员充分展示这个发明创造实现的可能性。所以，在撰写这部分内容时，尤其是对还未上线的产品或者审查人员无法直接体验到的产品进行描述时，需要更加详细地说明实现的步骤。

5.6.2 能够产生积极效果

产生积极效果这个特征呼应了发明专利和实用新型专利的定义：具有有益效果的技术方案。任何发明创造都应该对社会、个体或者环境，产生积极的（类似“多快好省”）的效果，还应该推动人类的进步，即使这个进步非常小。也就是说，和现有技术方案相比没有肉眼可见的积极效果，仅提供了一种别的选择的发明创造也可以被认定为具有积极效果。

正在运行的技术方案一定有它的优点，而新的发明创造不可避免地要和现有技术方案相比较，这是说明书中必需的一部分。但是，从实用性的角度出发，并没有要求新的发明创造要大幅度优于现有技术方案，它也可以是对当前问题提出的一种新的解决方案。效益上并没有大幅度提升，却给技术人员提供了更多的可能性，这也是符合实用性条件的。当然，如果新的发明创造明显逊色于现有技术方案，且会造成更多有害结果（例如严重的社会污染，危害人的身心健康等），那显然是不满足实用性条件的。

任何发明创造都不是完美的、“即插即用”的解决方案。任何一个发明创造的提出，都经历了一定程度的抽象，这种抽象用于强调其核心特性，同时屏蔽掉很多边缘情况。当我们将这个发明创造应用到新的产品领域时，一定是需要磨合的，也一定会产生很多小问题。这就好比我们从一辆车上拆下了一台发动机，将其装配到同一型号的车上时，即使我们对连接处进行细致的衔接，在实际运行中，也一定会出现各类磨合的小问题。我们不会将这种磨合带来的大大小小的问题，归因于这台发动机不行、不实用。同样的道理，发明创造应用到新产品时产生的磨合问题和负面影响，并不影响我们对其实用性的评价。

5.6.3 实用性的 4 种审查方式

《专利法》将实用性与新颖性、创造性并列在一起，在同一法条中予以规定，许多人习惯上将它们称为授予发明和实用新型专利权的“三性”标准。但是应当注意的是，实用性的判断与新颖性、创造性的判断有较大的区别。如前所述，新颖性和创造性的判断都是将申请专利的发明或者实用新型与申请日之前的现有技术进行比较；实用性涉及的是对发明或者实用新型本身性质的判断，而不是一种比较性质的判断。

——《中国专利法详解》

发明创造的实用性会被优先审查。虽然三性在顺序上是按照新颖性、创造性和实用性排序的，但是在实际审查过程中审查人员是从实用性开始审查的。原因很简单，前两者都需要耗费大量时间和精力来检索和比对专利，而实用性是可以通过审查人员的经验做出判断的。通过前几章，我们可以了解到，检索一件专利和看懂一件专利，本身就是一个非常耗时、耗力的工作，即使对专业的审查人员来说也一样；同时，想要查找完全并对比清晰，就更加考验审查人员的专业能力和判断能力。而实用性的审查，可以通过说明书的论证过程，在逻辑上做出判断，如果认为不合适就可以直接驳回，而不用进入专利比对的流程。

那么，在实用性的审查上，如果存在以下几种情况，就可以判断其不符合条件。

- 文书不全，缺乏技术实现手段。例如，一个人工智能方向从业人员，无法通过这件人工智能专利的说明书完成或者需要大量的其他信息才能完成当前专利的步骤，从而达到预期的效果，那么这件专利就不符合条件。
- 违背常识，尤其违背自然规律。例如，一件机械相关的专利——申请一款永动机，不消耗能量却可以对外做功。这是违背物理学常识的，根据能量守恒定律，我们知道能量不会因为任何原因消失，只能从一种形式转化成另一种形式。
- 特定实现，利用特殊的自然条件完成的技术解决方案。例如，一个需要在特定时间、地点和自然环境下建造的产品——都江堰的“鱼嘴”分水工程。该产品位于江心，把岷江分成内外二江，其中内江取水口宽约 150m，外江取水口宽约 130m，利用地形、地势使江水在“鱼嘴”处按比例分流。在枯水季节，四成流入外江，六成流入内江，以保证耕地用水；在洪水季节，水位抬高漫过“鱼嘴”，六成水流直奔外江，四成流入内江，使灌区免受水淹。而这个实现过程以及产生的效果，都需要大量自然环境的配合，并不具备可复制性，所以不符合实用性要求。

- 无积极效果。专利产生的效果远低于现有技术方案水平，压根没有效果或者有有害效果。

从上述的总结来看，对实用性的判断更多还是基于发明专利和实用新型专利本身的含义。具备实用性的发明创造是符合自然规律、能产生积极效果的。

第 6 章　如何将好创意写成专利交底书

在第 5 章，通过受理和授权的评判标准，可以从众多创意中筛选出若干个适合写成发明专利的创意。此时，将进入下一个阶段：和专利代理人等人合作，将一个创意变成发明专利。本章将重点介绍专利交底书及其写法，并配合 5 个案例进行实践说明。

6.1　专利交底书的作用

在产生了一个好创意，并且对专利撰写、申请的相关流程有了基本了解之后，就需要开始进行这个流程里最重要的工作——撰写专利交底书了，这是发明人和专利代理人、内部管理人员沟通的最重要的文档。如果把写专利的过程，比作推进一个产品从研发到上线的过程，那么撰写专利交底书，就相当于撰写产品需求文档（Product Requirements Document，PRD）。

在 PRD 里，一般需要阐述一些内容，让各个使用对象了解该产品的战略和战术，以更好地实现开发/设计目标，这些内容包括产品定位是什么、目标市场和用户有哪些、有没有以及有哪些竞争对手，再加上对该产品的核心功能等方面的描述等。

专利交底书实际上也需要搭建类似的内容结构，让各个审批人理解我们的专利是否能应用在公司的核心产品中、是否有竞争对手使用、是否能为公司的未来战略方向服务，以及是否能实现某类用户、在某场景下的体验的提升。同时，我们要让各个审批人明确这件专利的核心创意是什么，以及具体应用在产品中的示意图是什么；此外，我们还得考虑未来可能的扩展方式。

在一般情况下，很多人会从公司的法务网站或者法务同事手中获得专利交底书的模板。专利交底书模板通常长达 5 页，有接近 20 个问题和一系列的文本描述。但不少人会因为没有经过培训和接触得比较少，在真正下手写的时候产生很多疑问，举例如下。

- 专利交底书和最终的专利文书有什么关系，能否自己写专利文书？
- 专利交底书能否随便写，能否等到与专利代理人沟通的时候，再重点交流想法？
- 文件太复杂了，哪些选项是重要的？
- 为什么写专利还要关心其能否在业务上应用？
- 是否只能写在业务上应用的专利？
- 方案的核心流程图怎么画？是否要把业务的逻辑图都贴上来？

面对这么复杂的文件以及这么多问题，很多人不知道从哪里下手。接下来，我会在本节和 6.2 节中介绍专利交底书是什么以及如何撰写专利交底书。

6.1.1 发明人可以不写专利交底书，直接写专利文书？

如果你之前没有写过专利，可能就会问出这个问题，因为请一个专利代理人的费用并不低。那在回答这个问题之前，我先给你看一段某个专利文书中所阐述的最核心的部分：权利项。例如：

> 1. 一种提醒服务的实现方法，包括：
>
> 获取循环提醒服务中下次提醒服务的服务时间；
>
> 判断所述服务时间是否落入预设时间范围；
>
> 当所述服务时间落入所述预设时间范围时，生成服务使用确认消息，以使用户确认是否使用所述下次提醒服务；
>
> 所述服务时间包括服务时刻，所述预设时间范围包括预设时间区间；
>
> 所述判断所述服务时间是否落入预设时间范围，包括判断所述服务时刻是否落入所述预设时间区间。

> 其中所述预设时间区间基于以下步骤确定。
>
> 获取历史提醒服务的历史服务时刻，所述历史提醒服务与所述下次提醒服务具有以下关系中的任一种：同为工作日、同为节假日、同为周内的某天。
>
> 基于历史服务时刻和预设波动值，确定所述预设时间区间，所述预设波动值由工作人员根据经验进行预先设定。
>
> 2．根据权利要求1所述的方法，其中，所述服务时间包括服务日期，所述预设时间范围包括特殊日期集合，所述特殊日期集合中至少包括节假日；
>
> 所述判断所述服务时间是否落入预设时间范围，包括判断所述服务日期是否属于所述特殊日期集合。
>
> 3．根据权利要求2所述的方法，其中所述特殊日期集合中还包括所述用户自定义的特殊日期，所述特殊日期包括生日、纪念日、出行日期中的至少一种。

能看懂这段描述，你大概已经具备30%的可能性，可以完成一个专利文书的撰写了。但我相信绝大部分人，都看不懂这段描述，更别提如何把一个创意撰写成这样了。我们可以先通过几个关键词看一下这件专利的核心创新是什么，例如这是一种智能闹钟，可以提醒用户跳过节假日早上的循环闹钟。循环闹钟的糟糕的体验，我想你应该也有过，例如好不容易节假日放了几天假，其中一天是周一，早上本来想睡个懒觉，结果被早上8点的循环闹钟吵醒了。

我们要做的，就是让专业的人，做专业的事情。也就是把我们创意的前因后果，以及具象案例展示给专利代理人，协助他们抽象发明创造中最核心的因素，并由他们把这些因素包装成专利文书，阐述那些具备法律效力的权利项。

如果你想了解更多权利要求书的结构和写法，可以阅读3.5节中更加深入的探讨。

6.1.2 专利交底书，是连接内部审批的桥梁

你千万不要觉得，自己的创意已经很厉害了，专利交底书随便写写就能完成专利审批，这是不切实际的想法。

- 首先，专利交底书是审批流程中唯一可见的交付物。也就是说，所有关键节点的审批人都需要根据专利交底书进行审批，如果不在专利交底书中写

清楚，即使发明人的创意非常好，审批人也是无法完成审批的。

- 其次，专利交底书写得不完整或不合要求，会导致专利文书无法撰写。法务代表和专利代理人都无法帮我们把一个创意变成有法律效力的文书，因为他们很难逆向推理这件专利产生的前因后果，以及确认这件专利是否有实际的市场价值。这就好比如果一个 PRD 只有两行字，没有背景、核心逻辑和原型图，那么开发人员无法将其实现。
- 最后，专利交底书是创新思维的强化。前文提到，一件好的专利需要具备五性（企业关心的相关性、可见性，以及国家知识产权局要求的新颖性、创造性和实用性），而回答这些问题就是对发明人创新思维的再一次强化。就像很多创意，只有有逻辑、有条理地写下来，才能更加清晰。

当然，专利交底书的内容很多，也不是所有问题都绝对重要、需要写几百字的。我们其实可以通过了解为什么要设计这些问题，来判断各个问题的重要性，从而让专利代理人和审查人员的注意力集中在核心问题上，又快又好地完成专利撰写和审批。

6.2 专利交底书的写法

在本节，我们将分析专利交底书的形式，以及如何高效撰写专利交底书。

6.2.1 专利交底书、专利文书和内部审批流的关系

在表 6.1 中，我们可以看到专利交底书和专利文书的对应关系，或者说为了完成专利文书的最后授权，我们需要在专利交底书中提供哪些内容，这一点主要反映在专利交底书的后半部分，例如现有技术，对应专利文书中的说明书部分；本方案的核心思路，对应专利文书的权利要求。

同时，对于规模以上企业（尤其是大型企业），为了内部审批的方便，我们也会在专利交底书中增加一些内部审批人的参考信息，例如是否有竞品、是否能应用在产品中，这主要是给部门主管看的；是否适合公开，这主要是给法务代表看的。

表 6.1　专利交底书和专利文书对照

专利交底书	专利文书	重要性	内部审批备注
发明人信息	著作权信息以及个人信息	☆☆☆	署名权和奖金分配
发明地址和时间		☆	一般为公司地址
是否在业务上应用，具体业务是哪些	—	☆☆	在内部审批中说明市场价值
是否有竞品，具体是哪些	—	☆☆	
是否适合公开	—	☆	
关键术语解释	索引、摘要等	☆☆	—
现有技术	说明书中的背景技术	☆	让审批人明白前因后果
现有技术的不足，以及创新解决思路	说明书中的发明内容	☆☆	—
本方案的核心思路	权利要求	☆☆☆	重点在创新逻辑
本方案的核心示意图	说明书中的示意图	☆☆☆	具象示意，明确应用场景
其他可以替代的方案	权利要求	☆☆	—

在基本了解表 6.1 里的内容之后，我们会从这张表出发，针对专利交底书撰写的每个重点项展开论述，讲解其作用和撰写技巧。

1．申请（专利权）人和发明人有何不同

3.2 节介绍过申请人和发明人的区别。他们可以是同一个对象，也可以是不同的对象，对职务发明而言，往往申请人是公司，发明人是员工。

2．专利是否一定要应用在现有业务中

我可以非常明确地说明，专利不一定要应用在现有业务中。从《专利法》的角度出发，专利的实用性是指该发明或者实用新型能够制造或者使用，并且能够产生积极效果。关键在于“能够”，而不是“已经”。具体内容可以阅读 5.6 节，进行详细了解。

从公司的角度出发，专利主要来自几个不同类型的方向：核心业务、未来布局的技术和业务方向，以及主要竞争对手。前两者，前文已经提及多次，这里不赘述；而主要竞争对手这个方向，是大部分人很容易忽视的。在我撰写通过的专

利中，有接近 20%是布局在即时通信和信息流产品中的，而且这一类专利申请也很好通过。其实背后的逻辑很简单，虽然我之前所在的公司以支付为核心业务，但是我国互联网公司业务相互渗透，不仅我所在的公司涉及即时通信领域的业务，那些即时通信领域的公司也会涉及支付相关的业务。我们拥有对方核心业务专利，就意味着可以威胁到竞争对手。

所以，在申请的过程中，如果碰到"是否已经或者计划在业务中应用""有没有竞争对手在使用""是否准备对外公开"这一类问题，我们就明白公司想要知道什么了。放下负担，如实填写就行。

3. 发明创造的前因

由于专利的说明书部分，需要让专利代理人交代清楚专利产生的现实背景和推演过程，因此我们需要从因果论的角度出发，分析行业现有技术的发展情况，介绍相关知识，同时提出现有技术的不足和创新方案的解决思路。

这一部分内容不仅会作为内部审批时的重要产物，而且是专利名称、摘要和说明书的重要组成部分。这些内容非常类似于 PRD 中的产品背景、用户需求和产品定位。

4. 名称、关键词以及解释

首先是针对专利中的关键术语的阐述。专利交底书的一大用处，就是提供给专利代理人，作为其撰写专利文书时进行抽象的参考。所以，你需要在专利交底书里，主动提取专利当中的关键词，这样专利代理人就可以在理解之后，从专利文书的角度来抽象名称和关键词，从而使专利交底书的内容更加精确和贴近发明创造本身。

在名称和关键词上，我们发明人和专利代理人可能最终的呈现方式不一样，但只要其表达意义是相近的就可以。例如：

> 我写的名称：基于设备转动的动态排版方式
>
> 关键词：设备转动、排版、支付
>
> 专利代理人抽象的最终名称：界面切换方法及装置
>
> 关键词：界面、排版、翻转、显示、切换、交易

所以，在这样的前提要求下，我们其实可以用以下步骤来抽象出专利中的关键词。

（1）将这件专利核心的理念进行具象描述，力求把专利讲清楚。

（2）用一句话来概括这个发明创造，无论多长，只用一句话来表达。

（3）提取这句话中的关键名词或者动名词，去除所有无关词汇，得到关键词。如果有些关键词是不常见的术语，就补充相关解释。

这里以上述专利为蓝本，来还原一下当时的创作过程，你在之后的撰写中可以参考以下思路。

（1）线下支付成功之后，商户会要求看一下用户的支付成功界面。但如果用户使用了优惠券，那么商户将看到优惠后的金额，而不是优惠前的金额，这就非常容易产生误解。这个发明创造可以在设备转动之后，让界面排版方式发生变化，给用户看优惠后的金额，给商户看优惠前的金额。

（2）基于设备转动的动态排版方式。

（3）设备转动、排版、支付。

其实还有一个小技巧，在实际撰写的过程中，我们可以最后才写关键词和解释，这样也能事半功倍。因为写名称和关键词的步骤，就是提出现有技术的不足以及自己发明创造的核心思路的步骤。

5. 现有技术方案

如果我们的目的是改进现有技术方案，那么就可以在这一部分阐述这个发明创造用到的基础技术，例如什么是区块链、什么是智能合约。在这里不需要写所有用到的技术，只写专利核心触及的新兴技术即可。专利代理人有不明白的，可以找你沟通。

如果我们的发明创造接近已有技术的方案，也可以在这一部分具体阐述，目的是让专利代理人理解这些技术。但如果我们的发明创造中并没有特别生僻的技术，例如 HTML（Hypertext Markup Language，超文本标记语言）技术，其实这一部分也可以不写，因为它对撰写和审批专利文书的影响不大。

6. 现有技术不足以及创新解决思路

这部分非常关键，是专利说明书中的主要部分，主要给国家知识产权局审查人员查看，专利代理人要写得很清楚。

关于这部分具体怎么写，我有一个原则：要以因果关系推理的方式，推导出现有技术不足；并针对这些不足，说明发明创造的目的以及能达到的技术效果。现有技术不足：

> 线下支付成功之后，商户会要求看一下用户的支付成功界面；但是如果用户使用了优惠券，这时商户就会看到优惠后的金额，而不是优惠前的金额，这就非常容易产生误解，效率不高。如何改进：本发明可以在设备转动之后，让界面排版方式发生变化，给用户看优惠后的金额，给商户看优惠前的金额。

那么从我的个人实践出发，我发现从以下两个角度去描述，会比较容易获得专利代理人和国家知识产权局的理解和认同。

第一种，从效能出发进行描述。无论是可以对整个系统效能进行提升，还是可以在用户侧减少几个步骤，都是很好的切入角度。现有技术不足：

> 视频的内容往往比较长，浏览过程也通常是线性的，而普通用户或者媒体在分享视频内容的时候，往往会想让观众从某个节点看起，如看视频36:00处。

第二种，从体验出发进行描述。这种方式非常适合消费端的产品，虽然体验是一个相对感性的词，但是表述恰当，也能让专利代理人和国家知识产权局的审查人员快速理解。现有技术不足：

> 当前信息爆炸，用户每天都会接收冗余信息，所以以iOS为代表的系统都会提供一个勿扰模式，让用户在一定时间阶段内不用接收冗余信息。但是这种隔离信息的方式也会带来问题，用户由于接触不到信息，很可能错过重要信息，例如因为开启了勿扰模式，错过重要人物的电话。

6.2.2 发明创造的后果

发明创造的前因，最后都是为了引出发明创造的后果。专利交底书最核心的两部分是核心思路和示意图。它们实际上是相辅相成的，我们可以把这二者看作这样一种关系：前者是抽象概念和方法，后者是具象的可行性方案。

- 核心思路，可以类比成“撬起地球的支点”。从逻辑上，实现这个杠杆是可行的。将它写成专利很简单，但是如果只有这个思路，那么它是绝对无法通过审核的，因为只有概念，没有任何证据表明这是可以实现的，也就不符合专利的实用性要求。

- 示意图用于示范专利的关键步骤或者效果。这是用具象化的方式去表达专利的实用性和创造性。但值得注意的是，示意图并不是必要的，因为方法类专利无法具象化，对于这类情况，会使用方法的流程图来替代示意图。

1. 核心思路和示意图

正如前文所说的，发明必须是一个技术方案，必须有原理说明。同时，不能只说明原理，也不能只介绍功能，我们需要提供流程图或示意图，来清晰地解释发明创造的实际应用效果。这部分的思路有点像在讲道理的同时，还要为这个道理配上一个实际例子。而阐述这部分通常有两种常见的方式。

第一种，用语言来描述核心思路，并配上示意图。我们先用结构化的语言，把发明创造最核心的路径表达出来，然后配上几张图。在某发明专利交底书中，发明核心思路如下：

> 1. 文档编辑者预设视频 URL 和定位的时间点；
>
> 2. 文档消费者通过点击 URL 实现页面跳转，同时定位的时间点将传递给下个页面；
>
> 3. 浏览器打开 URL，如果存在定位时间点，那么视频的播放就不从第一秒开始，而是从定位时间开始。

示意图如图 6.1 所示。

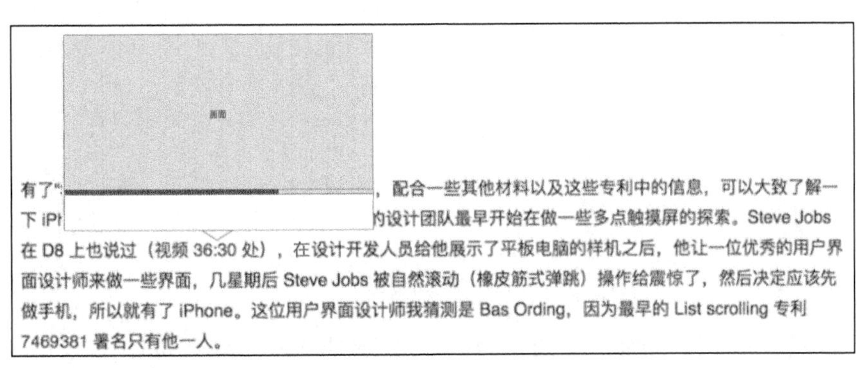

图 6.1　示意图

第二种，使用流程图和示意图来表达，如图 6.2 和图 6.3 所示。

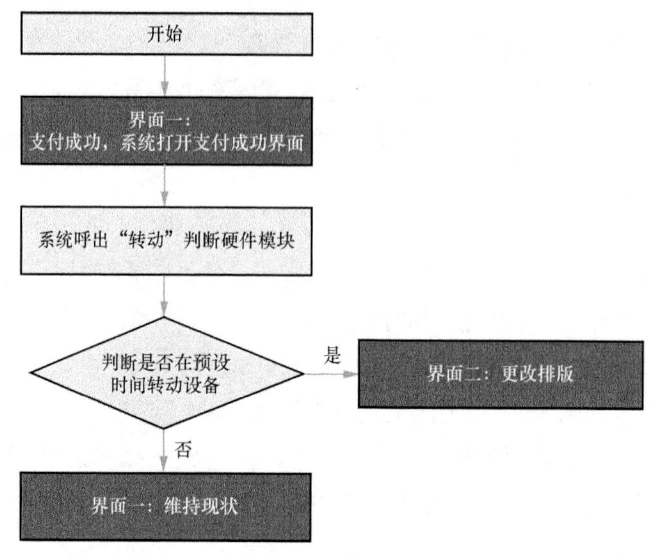

图 6.2　流程图

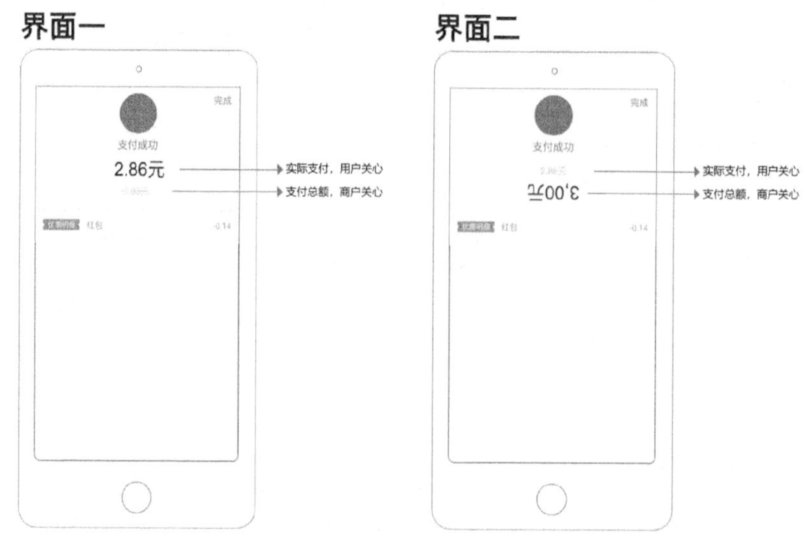

图 6.3　示意图

虽然这部分非常重要，但并不意味着我们要事无巨细地把功能的所有细节写出来，这样反而会让专利的关键信息被淹没。专利代理人也很容易被我们带偏思路，以至于申请过多且无用的权利项，最终导致申请不通过，或者保护范围太具体导致其他人容易绕开。

专利应该是一个常见功能的简化和抽象，需要屏蔽功能设计时和工程化时要考虑到的各种极限情况，把创意中最核心的环节表达出来。所以，示意图实际上是一种场景的示范，表示专利的核心思路是可行的，而不是所有场景的集合。图 6.3 所示只是列举了一个场景和一个变化而已，这里的工程化变化就会有很多的可能性。

当然，过于抽象也是不可以的，这样无法说服他人这个创意是可行和有价值的。例如，前文提到的“给我一个支点，我将能撬起整个地球”。

所以，具象和抽象之间的平衡是需要我们根据经验把握的。在接下来的内容里将更多地展示一些发明专利授权的原始申请图，帮你寻找这种平衡的感觉。

2. 其他替代方案

“核心思路”和“示意图”需要找到具象和抽象之间的平衡点，那么在“其他替代方案”部分，就应该系统化地补充更多的可能性。下面几个视角可以帮你扩大申请范围。

第一，不要被参数限制，要更多描述创意本身。例如，前面提到的设备转动，具体是转动 90°～95°，还是 91°～110°？这些参数是不会出现在专利申请书上的。因为一旦把这些细节参数写进专利，就会大大限制保护范围。虽然我们知道，工程化最后是一定要配置参数的，但是我们需要把它当成一个场景的示例来看待。再举一个苹果滑动解锁专利的案例：虽然在实际工程化时，是从左往右滑动解锁的。但是苹果在申请专利的时候，会把从右往左、从下往上、从上往下都囊括到专利申请中。

第二，不要通过“和”限制，要通过“或”来扩大。在实际的应用场景中，我们可能需要两个条件同时存在，才能满足触发条件，但是在扩展的时候，可以以“或”的方式来保护。这样做也有利于单个权利项的保护，以及权利项组合的保护，因为我们没办法穷举所有可能性。在下面的示例中，我们用“或”来表述的时候，就能把点击和悬停都包含进去了。

> 反馈的方式，可以是用户点击后跳转定位，或用户悬停后，直接在当前页面显示定位的视频位置。

第三，合理扩展各种可能性，提高保护范围。即使在当前产品设计中只用到一种可能性，但为了专利保护的全面性，我们可以推理出一些保护范围。在如下示例中，我们在特征定义的时候，就把产品设计中没有用到的特殊时间或者地点等因素，加入保护范围。虽然申请的时候主要依靠特殊人物这个特征，但是要扩展很多其他可能性。

> 解锁勿扰模式的方式，不局限于短时间关闭勿扰模式，也可以在勿扰模式下加强通知能力（例如加大音量）。
>
> 特征定义包含：特殊人物或者系统等信息发送方，特殊时间或者地点，特殊字段，以及用户自定义的一些规则。

6.3 5 件专利交底书的实战分析

在本节，我们通过实战案例来直观了解专利交底书。

6.3.1 案例一：节假日的闹钟不响铃

光看这个标题，你应该已经了解这件专利的大致创作背景以及市场价值了，可能有些人会质疑这个也能申请专利。

它其实是非常正常的创意，属于一种非常典型的创意类型——显而易见的生活问题，谁先意识到、先注册，就是谁的专利。前文中我们介绍了一个优化闹铃体验的案例，我将这个例子作为第一个案例的主要原因，就是想说明专利真的可以很简单，只要你掌握了撰写技巧和思维方式，并具有一定的行动力，就能写专利。

这件专利目前已经正式被国家知识产权局授权了，且已经充分公开。下面就让我们对比学习专利文书和专利交底书，充分了解这件专利创作的前因后果吧。

1. 名称对比

我们先来看看专利中对关键术语的阐述上的区别。

> 专利文书名称：提醒服务的实现方法及装置
> 专利交底书名称：一种本地化工作日的提醒机制

这两个名称的差别其实并不大，正式的专利名称会更加抽象一些。我们在 6.2.1 节介绍“名称、关键词以及解释”的时候有提到，在专利交底书中不能使用过于具象的词，因为这会导致专利的保护范围太小。在这件专利中，把原始创意中的“闹钟”替换成了“提醒”，这是一个更加抽象或者更贴近本源的词汇。

当然，语言的精确性，最后还是需要由专利代理人来把握。但将自己的专利浓缩成一句话，一方面可以让我们更容易找到关键词，另一方面也可以让我们更加清晰地识别和提取该创意的核心。

2. 核心思路和示意图对比

我们再来看一下在专利文书中，这件专利的 3 个关键内容具体讲了什么。

现有技术：

> 随着科学技术的进步，人们越来越多地通过使用终端中的多种应用，来满足生活和工作中的多种需求。目前，部分应用提供了循环提醒服务，用于提高用户工作或生活的效率，例如，用户可以通过时钟 App，创建周一早上 7 点的闹钟，如此用户只需进行一次设置，即可实现每周一的定时提醒，而无须多次重复设置。
>
> 然而，在某些情况下，循环提醒服务中的某次提醒服务是用户不需要的，如果仍然提供此次服务，有可能打扰到用户生活，影响用户体验。例如，某个周一是劳动节，用户不需要早上 7 点起床去上班或上学，这种情况下，7 点响起的闹铃将给正在酣睡的用户带来糟糕的体验。
>
> 因此，需要提供一种更加合理的方案，提升用户使用循环提醒服务的服务体验。

专利发明内容：

> 本说明书描述了一种提醒服务的实现方法，在判断出下次提醒服务的服务时间落入预设时间范围的情况下，提示用户是否使用下次提醒服务，并根据用户输入的取消指令取消下次提醒服务，如此，可以提升用户体验。

权利项：这部分内容整体会非常长，我只摘取了前面一小部分的核心权利内容。这部分内容的撰写是专利代理人所擅长的，对于这一块，我们能做的很少，咬文嚼字也未必看得多明白。所以，我保留之前的观点，我们可以把决定权交给专利代理人，并相信他们。在后续的案例中，将不会再展现这部分内容。

> 1. 一种提醒服务的实现方法，包括：
>
> 获取循环提醒服务中下次提醒服务的服务时间；
>
> 判断所述服务时间是否落入预设时间范围；
>
> 当所述服务时间落入所述预设时间范围时，生成服务使用确认消息，以使用户确认是否使用所述下次提醒服务；
>
> 所述服务时间包括服务时刻，所述预设时间范围包括预设时间区间；
>
> 所述判断所述服务时间是否落入预设时间范围，包括判断所述服务时刻是否落入所述预设时间区间。
>
> 其中所述预设时间区间基于以下步骤确定。
>
> 获取历史提醒服务的历史服务时刻，所述历史提醒服务与所述下次提醒服务具有以下关系中的任一种：同为工作日、同为节假日、同为周内的某天。

看完了现有技术、专利发明内容和权利项之后，我们再对比一下专利交底书中的内容。

专利交底书核心逻辑：

> 用户设置了一个循环闹钟，例如工作日早上 8 点的闹钟。
>
> 在闹铃触发的某个时间（例如前 12 小时），检测闹铃触发的时间是否在节假日区间（从服务器获取节假日调休表）。
>
> 如果闹铃触发时间在调休的节假日区间（意味着当天原来是工作日，后被调休为休息日），那么触发“关闭当天闹铃”的通知。
>
> 如果不在以上区间，同时当天又是闹铃预设时间，就正常操作。
>
> 通知触发的方式，可以通过弹窗等多种模态告知用户。

专利交底书示意图：这里为了配合核心逻辑，补充一个流程图，主要是针对关键逻辑进行了可视化说明。不过，因为这个通知的方式已经相对比较清楚了，所以我在原有的申请中，并没有补充闹钟提醒的示意图，但建议大家在开始写专利交底书的时候，还是尽量完善细节内容。

闹钟专利流程图如图 6.4 所示。

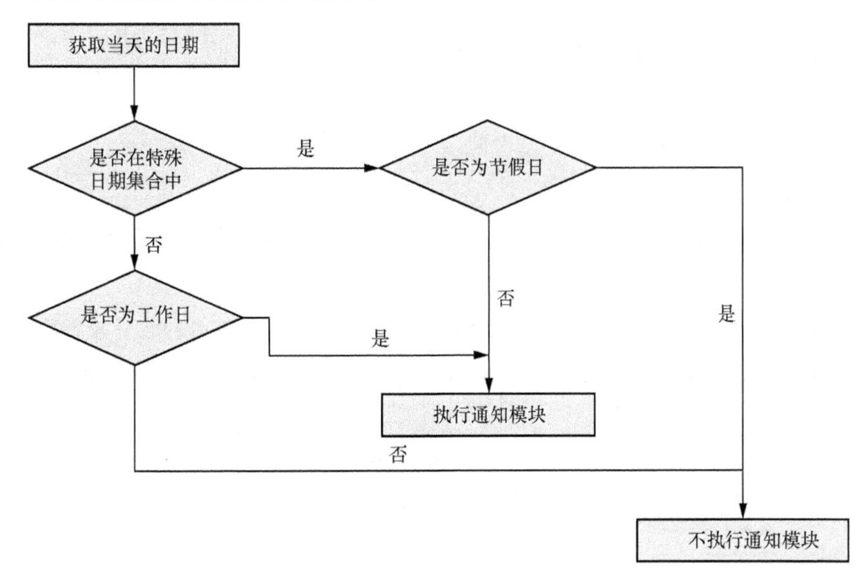

图 6.4　闹钟专利流程图

最后，根据上面的流程图，我的专利代理人也在专利文书中，制作了几张示意图，如图 6.5 所示，其中非常清楚地表达了逻辑。所以，如果你的专利中确实存在一些歧义信息，建议还是尽可能自己补充示意图。

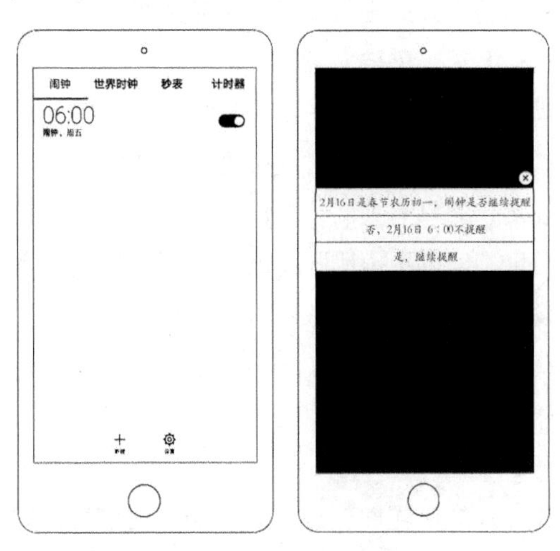

图 6.5　闹钟专利示意图

有哪些可替代方案：这部分内容，实际上是基于我们对自己专利的结构的了解，来逐项补充各种方案的漏洞的。这个闹钟专利的操作和功能参考如下：

> 第一条，某个时间，可以定义成提前若干小时，也可以提前若干月、年，甚至提前至用户设置闹铃的时候。
>
> 第二条，终端向服务器发起询问，可以由终端发起，也可以由服务器将询问内容自动下发给终端。
>
> 第三条，向服务器获取节假日信息，不局限于官方发布的调休表，也可以获取用户私人日历或者手动输入的调休表。
>
> 第四条，通知触发的方式，可以是弹窗、浮窗、消息等多种视觉反馈方式，也可以是声音、震动等听觉、触觉的反馈方式，还可以是以上多种反馈方式的组合。
>
> 第五条，除了实现在原工作日被调休成休息日时，提示“不响闹铃的选项”，也可以实现反向逻辑，在原休息日被调休成工作日时，提示“打开闹铃的选项”。

不过，我在梳理这部分内容的时候，其实有针对以上方案进行一些二次创作，主要是希望能让你看得更加清楚一些。我们在写核心思路和画示意图的时候，对前者需要逻辑缜密地表达创意核心，就像数学公式一样；对后者要具象化地举出一个场景，让大家明白这个公式是可用的。而最后的可替代方案，要尽可能地把每个环节的漏洞都填补上，避免被人绕开。

那么接下来，我们就来逐项解释一下，这里的可替代方案到底该怎么写。

第一条是为了扩大参数范围，在时间维度上堵住缺口。

第二条表明服务发起的双向关系，技术上我们让终端主动向服务器发起轮询，调用服务器存在的信息，但也不排斥服务器主动下发信息的途径。

第三条补充预设表的可能性，一般情况下节假日的预设表都是国务院统一下发的，但是专利中我们扩展用户或者小团队自己维护这张预设表的可能性，例如公司会有自己的调休表，私人日历中也会设计一些特殊表。所以，在这一项中保障其他输入。

第四条说明通知方式的多样性，这是人机交互的多变体现。虽然随着时间的推移，界面交互常见的组件和模式一定会更新，例如，对话式弹窗很多就被抽屉式弹窗给替代。但是基于视觉、听觉、触觉、味/嗅觉和基础定位的五感，却不会变化。所以，我会在这部分补充五感的反馈，以及它们组合的各类方式。

第五条补充反向逻辑。

3. 创作背景

这个案例的创作背景是设置了循环闹钟会导致在节假日被闹钟吵醒，或在调成工作日的周末因没有设置闹铃而迟到。

所以，这个创作并没有太多的创新技巧，只是把生活中那些不好的体验给记录下来，并自然而然地产生解决方案。而这里的关键就在于：要将体验记录下来，并通过自己的执行力变成专利。创新的“新”，也可以是一个常见问题的首发方案。

6.3.2 案例二：身临其境的音视频会议

我在2015年年底于公司内部提交了这件专利，然后在2016年，这件专利就正式被国家知识产权局受理了，而且在4年后得到了正式授权。这件专利可以说是我最满意的作品之一，它也在2017年，被评为当时公司的年度十佳专利。

这件专利主要描述了这样一个场景：在现实的工作场合中，如果需要很多人一起开会，相对会比较简单，因为我们的耳朵自带对音色、音质的判断，同时我们还能区分声音的来源，所以我们不用看着这个人，也能通过声音方向，来识别具体是谁在说话。然而，在线上的虚拟会议中，识别就变得非常困难了，因为我们收到的所有声源都是一样的，所以我们只能通过已知的人物音色特点，或者通过查看来判断到底是谁在说话，这在无形间加大了我们进行会议的难度。

当然，现在你可能会联想到元宇宙这个概念，使用它就能解决这个问题。2021年，扎克伯格在介绍元宇宙中的会员场景的时候，就提到：你可以清晰地听到，这个人是从你的左边发出声音的，还是从你的右边发出声音的，就像平时你们在线下一起开会一样。这里提到的身临其境的会议状态，实际上就是我这件专利的核心作用。而且在那个时候，我基本就可以笃定，为了实现这个效果，大家必然会使用这件专利，它几乎是绕不开的。

接下来，你可以根据这个场景，拿着自己的解决方案，跟我一起来看看在这件专利的解法上，我跟你的见解会有哪些不一样的地方。

1. 名称对比

首先，我们还是来看看这个发明创造的专利文书和专利交底书中，在对关键术语的阐述上具体有什么区别。

> 专利文书名称：一种基于多人远程通话的音频数据处理方法及装置
> 专利交底书名称：一种在多人视频或音频会话中的声音显示优化

可以发现，我在专利交底书里撰写的专利名称跟最后的专利文书材料名称已经非常接近了，只是专利代理人把“视频或音频”抽象成了“远程通话的音频”。

2. 核心思路和示意图对比

下面我们就来看一下专利文书中的关键内容具体讲了什么。

现有技术：现在我们知道，这段描述比较像晦涩的法律文书，它的含义和我们前面提到的意思其实是一致的。用一句话解释就是：用户在虚拟会议中，例如远程视频条件下，由于听众的现有系统（第二终端）并不区分不同说话者（第一终端）的来源，因此无法构建立体感，从而使得虚拟会议的体验不如现场会议的。

> 随着信息技术的发展，终端上的通信功能越来越丰富，用户不仅可以使用通信功能与其他用户进行文字交互（如用户之间相互发送即时通信消息），还可以实现用户之间远程的音频、视频通信（如多人电话会议、视频会议等）。
>
> ……
>
> 但是，在多个用户进行包含音频的通信的场景下，对第二终端所接收到的任一第一终端发送的音频数据而言，该第二终端各声道所输出的该音频数据的输出参数均一致，这样难以反映出实际的多人通话场景，尤其在目前现实增强的趋势下，模拟现实的交互场景已成为通信的发展方向之一，显然，现有技术中的语音通信方式与实际的通话场景并不相符。

专利摘要：专利文书中对专利发明内容的描述一般来说专业性会比较强，所以这里主要选取了摘要部分的内容，我们一起来看一下。

> 本申请公开了一种基于多人远程通话的音频数据处理方法及装置。
>
> 第二终端接收若干第一终端发送的音频数据，分别确定各第一终端相对于该第二终端的方位，针对任一第一终端，根据确定出的该第一终端相对于该第二终端的方位，确定该第一终端对应的音频播放参数，音频播放参数用于调节音频数据在第二终端自身的各声道中的播放效果，根据生成的所述音频播放参数，在第二终端自身的各声道中播放所述音频数据。
>
> 这里的音频播放参数就决定了音频数据在第二终端的各声道中的播放效果，从而，第二终端将根据该第一终端的音频播放参数，在自身的各声道中以不同的播放效果播放该音频数据，较符合实际的通话场景。

看完了现有技术和专利摘要之后，我们再对比一下专利交底书的内容。

专利交底书核心逻辑：

> 获取音频通话中，不同角色的音频信息。
>
> 云端或者接收终端的音频处理模块，给不同角色设置多种不同音量播放策略，且从不同方向传播声音，让听众能识别出会议中的不同角色。

例如，当角色 A 在音频中发出声音，就使用 A 的音量播放策略向听众播放 A 的声音，制造空间感，此时听众的左耳音量 100%，右耳音量 0%。

专利交底书示意图：同样，在核心逻辑的基础上，我为整个方案绘制了一个详细的示意图，如图 6.6 所示。这里需要注意的是，示范的目标是让专利代理人和国家知识产权局的审查人员，能理解这件专利的市场价值和技术方案的可行性，避免让人产生空中楼阁的错误印象。

> 从图中可知，当有 A、B、C、D、E 这 5 个角色进入会议时，系统会为这 5 个角色匹配 5 种不同的音频播放策略，例如：
>
> 当 A 说话的时候，其他听众左耳通道的扬声器以 100%的音量播放，而右耳通道的扬声器以 0%的音量播放，这样大家会觉得 A 在大家的最左边；
>
> 当 B 说话的时候，其他听众左耳通道的扬声器以 75%的音量播放，而右耳通道的扬声器以 25%的音量播放，这样大家会觉得 B 在大家的左边；

依次对其他角色进行操作；

当E说话的时候，其他听众左耳通道的扬声器以0%的音量播放，而右耳通道的实现以100%的音量播放，这样大家会觉得E在大家的最右边。

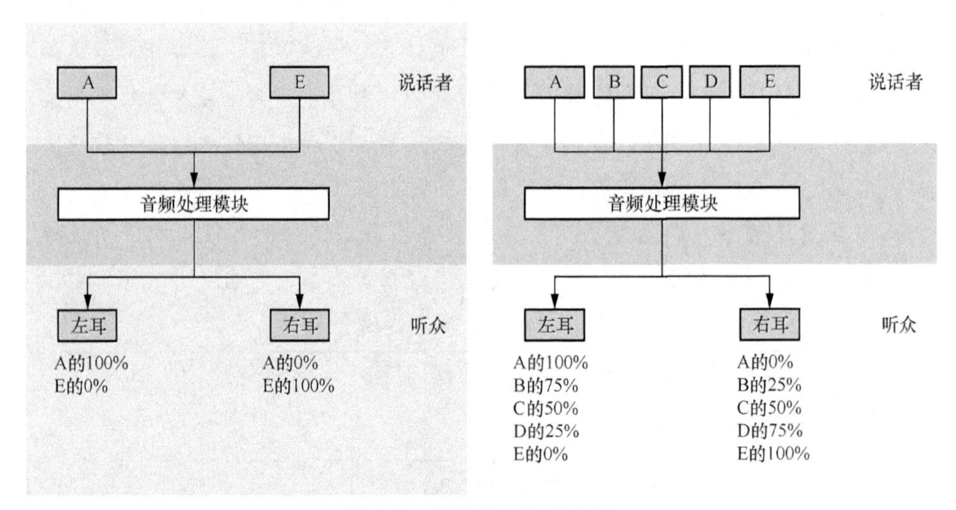

图6.6 音视频会议示意图

可替代方案：

第一，示意图的音量播放策略只是示范，其中，左右耳的音量比例可以非线性变化。同时，当播放终端只有一个声音通道时，使用正常播放的降配方案。

第二，系统的音量分配机制，可以随机处理，例如依据入会顺序；也可以根据实际听众和说话者的物理位置进行映射。

第三，音频播放策略，可以包括对音量的参数操作，也可以实现对音色、音调的操作，从而构建真实感。

3. 创作背景

其实，我会产生申请这件专利的想法，与我在2012年第一次参与的线上会议有很大关系。当时我在南京的一家设计公司实习，经常需要和上海的同事一起交流与讨论。有一次，我们要一起开线上会议，非常巧的是，我们上海的两位同事的声音和他们说话的习惯都很像，我们需要非常努力地区分是谁在讲话，以至于有几次，我们不得不打断他们确认当下是谁在讲话。

之后，我对比了线下会议和线上会议的区别，发现在线下这种情况其实很少出现，因为就算我低头看手机，也能通过声源的方位，来判断是谁在说话，而不是努力通过音色、音调来识别。

我在了解了美国著名心理学家詹姆斯・吉布森的直接知觉论之后，更加清晰地了解了人的特质：人类有视觉、听觉、味/嗅觉、触觉和基础定位这 5 种感官通道。而传统的视频，只会使用视觉和听觉两种通道，忽视了其他通道的能力，尤其是基础定位的能力。

所以，一个想法的产生和解决，是需要一个很长的周期的。我们可以多关注生活中的各种细节，尤其是让自己各种不愉快的问题，把它记录下来。在未来的某个时刻，它会和我们脑海中的新知识结合，从而产生一个好的解决方案。

6.3.3　案例三：活色生香的文字编辑

这件专利来源于我在公司所支持的业务设计，我当时正在负责一款文档协同软件的设计。这件专利实际上是一种业务型的专利，这类专利在我前期的专利写作工作中的数量占比是很高的，可以达到 50%左右。

主要原因如下：一是这类专利申请非常符合业务主管的诉求，在内部审批中有优势；二是除了可以将生活体验作为创新源泉，我们的工作内容其实也是创新的主要源泉。所以，想要申请专利，从工作中寻找灵感会更容易。

这件专利的内容也非常简单，就是发现现有的编辑器的一个普遍问题。当用户选择一种形式的模态之后，现有的鼠标光标缺少对应的状态。例如选择加粗模式，头部状态栏或者已经输入的字符会显示加粗效果，然而在输入字符前是缺少相关提示的，尤其光标缺少相应的暗示和变化。虽然在一些文档类产品中也有部分产品的光标会跟随模态而变化（例如光标会跟随斜体模态，变成“/”状态），但是整个行业对这样的微交互是缺乏系统定义和标准化实现的。

1. 名称对比

我们同样也先来看看，这个发明创造的专利文书和专利交底书中在对关键术语的阐述上的区别。

> 专利名称：一种显示状态调整方法、装置及设备
>
> 专利交底书名称：一种会根据输入类型（加粗、变色、斜杠）变换光标类型的方法

可以看到，专利文书或者专利的名称，相对专利交底书，会更加抽象和宽泛，我们需要把整个范围扩展到显式状态。

2. 核心思路和示意图对比

现有技术：

> 随着网络技术和终端技术的不断发展，应用成为人们日常生活和工作中不可或缺的工具，人们可以通过应用进行文档编辑，也可以通过应用进行网页编辑等。
>
> 通常，在文档编辑中，为了丰富文档的表现形式，办公应用或网页设计工具等文档编辑工具中会设置多种格式，文档格式是呈现文档内容的重要部分，能够影响文档的最终展示效果，通过不同的文档格式，使得文档处于相应的编辑状态下，以编辑该文档。
>
> 然而，文档编辑工具并没有对上述编辑状态进行有效前馈，也就是说用户只有在输入字符或选择字符后才能看到对应的编辑效果，而无法知晓当前是处于正常的文档编辑状态，还是某种特殊的文档编辑状态，从而使得文档编辑状态的前馈不直观，进而可能会导致用户反复进行操作和试验，降低了文本输入的效率和用户体验。因此，在文档编辑领域，需要一种对文档编辑状态进行实时有效前馈的技术方案。

专利摘要：因为这个发明创造是一个现有产品的体验细节优化，所以在摘要和专利部分不难解释，核心部分也并不难懂。这其实是我见过最直接、最简单的专利摘要之一。

本说明书实施例公开了一种显示状态调整方法、装置及设备，所述方法包括：当检测到目标文档处于目标编辑状态时，获取所述目标编辑状态对应的光标呈现状态；将光标在所述目标文档中的显示状态调整为所述光标呈现状态。

在看完现有技术、专利摘要之后，我们来对比一下专利交底书的内容。

专利交底书核心逻辑：

建立编辑系统的模态状态栏和光标状态的映射关系，模态类型包含字体大小、颜色以及加粗等形变。

当用户选择对应模态的时候，系统自动将光标切换成对应的状态，例如，用户选择红色模态，那么光标实现红色状态。

专利交底书中的流程图如图 6.7 所示，文档编辑器示意图如图 6.8 所示。

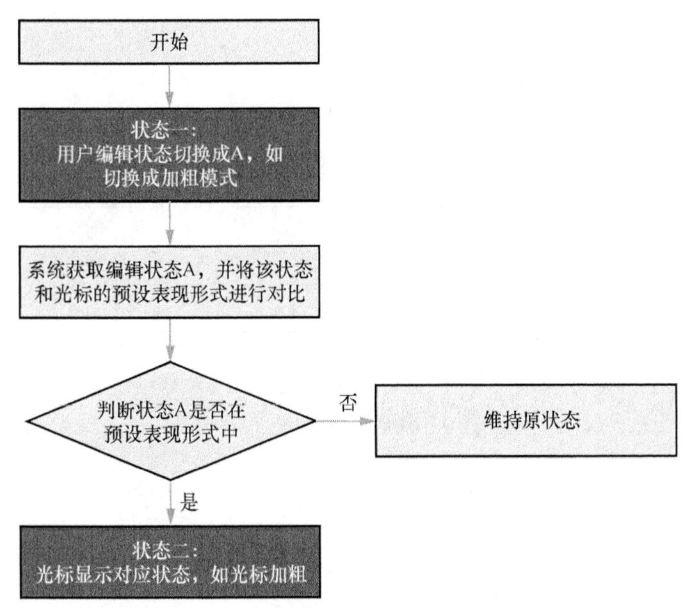

图 6.7 专利交底书中的流程图

图 6.8 所示的就是当演示文档编辑器处于加粗模式时，光标对应的显示状态。当然，这只是一个例子，如果有必要，我们可以再补充光标变色、斜体等不同的状态。

状态一：用户选择了“加粗”模式

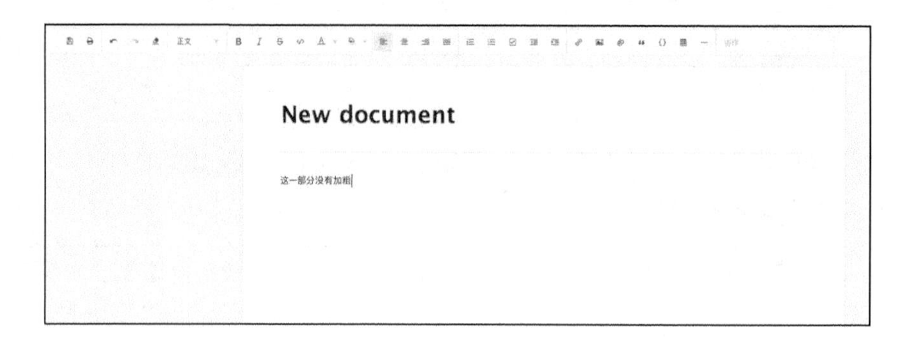

状态二：光标加粗

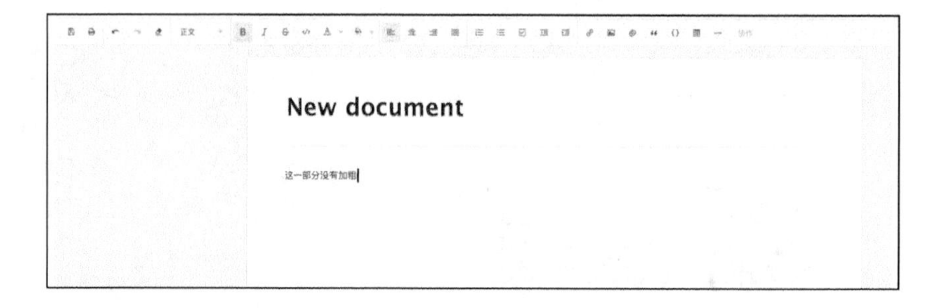

状态三：用户输入后，字体也加粗了

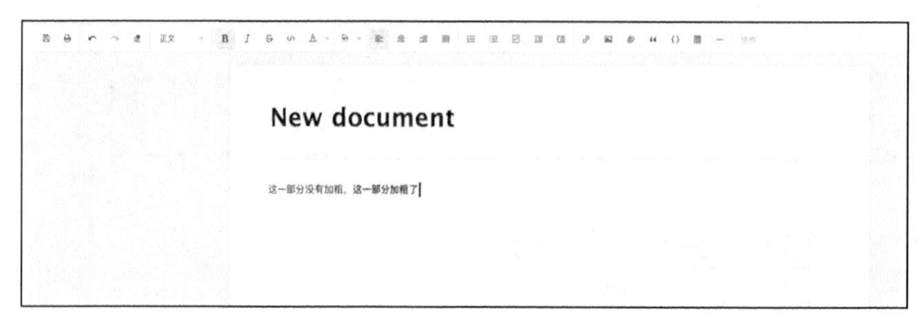

图 6.8　文档编辑器示意图

然而，在实际的专利交底书中，我们其实并不需要穷举所有的实现方案。就像前文提到的，绘制示意图的最终目标是让专利代理人和国家知识产权局的审查人员明白，这个发明创造是有实际的市场应用可能性和技术可行性的，并不是空中楼阁。

可替代方案：

> 第一种，所涉及模态类型，包括：字体大小、颜色以及加粗等形变，以及质感变化的视觉变化。
>
> 第二种，模态可以独立出现，也可以相互叠加显示，例如，加粗+变红。
>
> 第三种，光标显示和系统模态对应方案，可以由系统预设，也可以由第三方编辑。

3. 创作背景

这件专利的来源，其实就是我工作的日常部分，专利的内容其实参考了很多竞争产品的实现方案，在这个过程中，我发现了现有技术不完善的部分，并且发现图形编辑器（例如 Adobe 系列的产品）在光标处理上，就做得非常完善，例如 Photoshop 的各个模态，就会使用不同样式的光标来提示用户。所以，我们就可以将图形编辑器上各类成熟的技术和经验移植到文本编辑器上，这算是一种创新经验迁移。

看到这里，你可能会认为这个创新步伐太小了。但是大部分我们可以落实到工作上的创新，步伐都不太大。在设计领域，有一个专门的术语叫作微创新。微创新也是创新，现有的大部分的实际工作，确实只是在做微创新。所以，我希望能通过这个案例，抛砖引玉，让你在撰写工作专利的时候，放下负担、轻装前行。

6.3.4　案例四：在马路的这边，还是那边

光看这个标题，你可能不太懂这件专利的作用。其实这件专利很有意思，它实际上是一个利用巧妙设计，来弥补技术不足的奇思妙想，是一种在人机交互中体现高度互动的方式。

这件专利主要讲述了一个问题：目前导航的精度，尤其是在 GPS 模式下的精度，存在一定的物理偏移，不够精确。这种现象在设备静止的时候，会特别明显。如果你仔细观察，会发现在静止状态下的 GPS 有漂移现象。

其实在前几年，这个问题可能并不严重，因为那时候我们对地图导航没有非常强烈的需求，然而 2015 年之后，各类打车软件盛行，用户在哪里上车这个问题

就变得非常麻烦了。可以设想一下，乘客处在一个十字路口附近的马路旁边，或者在不容易过马路的双车道旁，如果GPS不精准，那么司机和乘客就会在对接上车点上耗费大量的时间。

所以这件专利就是为了解决这个问题的。我们怎么在GPS产生偏移导致地图不精准的情况下，还能让用户识别出自己在马路的哪一边，从而提升地图导航和打车服务的使用体验呢？接下来介绍这件专利的撰写思路。

1. 名称对比

我们先来看看专利中对关键术语的阐述上的区别。

> 专利文书名称：用户的位置信息的确定方法及装置
>
> 专利交底书名称：一种基于车流方向和用户手机朝向判断用户位置的交互方式

你能发现在名称上，专利代理人其实基本沿用了我的定义，只在此基础上进行了一些抽象和概括，而专利交底书的名称非常精准地反映了这件专利的核心内容。

2. 核心思路和示意图对比

然后，我们来看一下在专利文书中，我们需要重点关注的这几部分内容具体是怎么写的。

现有技术：

> 传统技术中，当通过移动终端的电子地图对用户的当前位置进行定位时，只能粗略地将用户定位到电子地图上的某一条道路，但具体是该条道路的哪一边，例如在该条道路为东向的道路时，用户具体是在道路的南边还是北边，现有的电子地图并不能准确定位。
>
> 而在这一场景下，例如当用户使用打车软件时，通常需要告知确认载客的出租车司机其具体位置（如在道路的哪一边），然而上述只能粗略地对用户进行定位的方法，并不能让司机准确获知其具体位置，这会给用户带来较差的体验。

专利摘要：

> 本申请实施例涉及一种用户的位置信息的确定方法及装置，包括：根据用户在电子地图上当前所在位置所属道路的方向描述信息以及用户的移动终端的放置方向，来确定用户在该条道路的具体位置，其中，移动终端的放置方向与道路上车辆的行驶方向呈预设的角度。由此，可以提高电子地图的定位精度，进而可以提升用户的体验。

我们对比一下专利交底书中的内容。

专利交底书核心逻辑：

> 获取设备的位置信息，大致确定周边信息；
>
> 提示用户面向车道，并将手机正面朝向车流方向；
>
> 系统获取手机朝向，结合这条道路的基本信息，计算得出用户的精确位置，并将用户锁定在马路一侧。
>
> 计算逻辑如下：由于我国马路是右行规则，假设用户在一条东西走向的道路上，如果用户这边马路的汽车，是从东向西行驶的，那么用户就在马路的北边；如果用户这边马路的汽车，是从西向东行驶的，那么用户就在马路的南边。
>
> 将用户位置锁定在一侧之后，当用户沿着这一侧移动时，坐标位置会保持在这一侧移动。如果用户移动范围超过阈值，自动脱离该模式。

专利交底书中的定位专利示意图如图 6.9 所示。

图 6.9　定位专利示意图

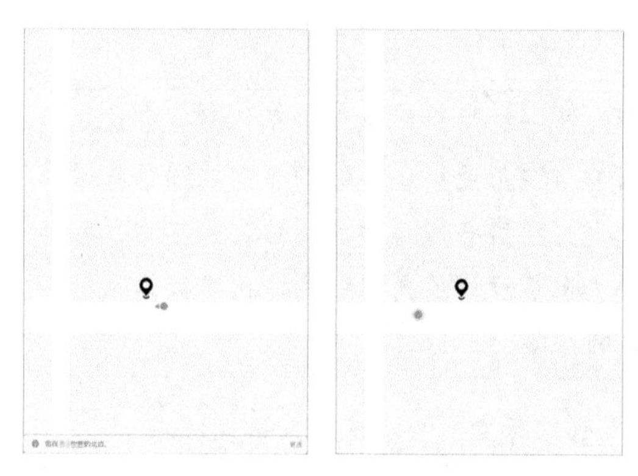

图 6.9　定位专利示意图（续）

而为了配合核心逻辑，我在这部分展示了用户使用该定位方式的各种关键操作，包含提升用户操作、司乘用户一起确认定位、锁定用户的移动轨迹，以及如何脱离轨迹等操作。基本上是使用这些示意图对专利核心逻辑的每个关键帧做了示范。

所以，如果你的专利也与地图之类的内容相关，可以参考我这种可视化说明的方式。

可替代方案：最后，就需要基于我们对自己专利的结构的了解来逐项修补方案的漏洞了。

> 本方案，不仅适用于右行规则的国家和地区，也可以通过规则适配左行规则的国家和地区
> 用户退出该模式，可以通过让移动范围超过阈值，或者手动关闭来实现

在可替代方案这部分能写的并不多，因为整个方案是闭环的。这里仅从参数配置以及常见方式上进行补充。

3. 创作背景

我所在的杭州市，在沿钱塘江一带因为水流的原因，道路很难按照正南、正北方向施工，很多路都是斜着的。所以当碰上网络延迟和地图精确度较低的问题时，用户定位就会很不准。这个问题在使用打车软件的时候更加明显，“我在马路的哪一边？”“我在哪里上车？”成了很多人打车的困扰。

所以，被困扰多次之后，我就开始寻找这个问题的答案。有意思的是，我当

时就联想到了我们初中学到的洛伦兹力判断方式。

其实，现在我已经不太记得洛伦兹力应该用哪一只手来判断电流方向了，这些是细节信息。但是我仍然记得当年物理课上，通过手掌方向来实现一个非常复杂的物理原理判断的知识。而正是这个知识，让我找到了一个解决方向感疑惑的方法。在我国大部分的双车道上，都是实行右行规则的，所以只要面向车流方向，我们就能精确得出自己在马路的哪一侧。就是这个问题的发现和解法的思维碰撞，让我完成了这件专利。

6.3.5　案例五：你看这一面，我看那一面

这件专利描述了一个场景：由于支付平台和商家都会给用户提供不同的营销红包，让用户在支付时可以直接抵扣支付金额。而这就带来了一个问题，支付成功之后，为了体现优惠，往往给消费者看的是优惠后的金额，例如总计应支付 9 元，支付平台优惠 0.8 元，最后只需支付 8.2 元。因为当时支付平台的语音播报设备并没有完全普及，而且也存在商户不方便看手机的情况，所以有些商户往往会请求消费者在支付完成之后，给自己看一下支付成功界面。

而“看一下支付成功界面”，会产生一个问题，商户不方便一直盯着顾客（用户）的手机，但用户设备上显示的是优惠后的金额，不是总价，这会让商户确认用户支付成功变得非常困难。

那么，带着这个问题，下面就来看看我当年的解题思路是怎么样的，你也可以在这个过程中想想有没有更好的解决方案，欢迎和我一起探讨这个问题。

1. 名称对比

同样，我们还是先来对比下名称上的区别。

专利名称：界面切换方法及装置 专利交底书名称：基于设备转动的动态排版方式

其实还是这句话：我们写的专利交底书的名称，要把专利的内核基本阐述清楚，而专利代理人是对内核进行抽象，把“动态排版”定义成“界面切换”，其他的信息就都藏在“方法及装置”中了。

2. 核心思路和示意图对比

接着，我们来看一看专利撰写的关键部分。

现有技术：

> 在移动设备中，同一个界面可能会被多个用户查看，而不同用户关注的焦点不同，各用户往往很难在界面中快速定位到其所关注的信息。目前，在设计界面时，为了使与界面相关的主要角色可以快速定位到其所关注的信息，会突出显示这部分信息，而其他用户所关注的信息相对来说被弱化，这样就导致其他相关用户查看同一界面时，无法快速定位到其所关注的信息。
>
> 因此，需要一种合理的方案，可以使不同用户从界面中快速、准确地定位到各自关注的焦点信息。

专利摘要：这部分描述相对比较像晦涩的法律文书，我们大致看一下其结构就可以了。

> 本说明书实施例提供一种界面切换方法，该方法的执行主体为客户端。该方法如下：首先，获取包括交易信息的第一界面，此界面中包括第一交易方关注的第一交易信息和第二交易方关注的第二交易信息，且第一交易信息和第二交易信息以第一版式排布；然后，展示第一界面，以使第一交易方查看其关注的第一交易信息；接着，当检测到客户端所在的设备发生翻转时，获取包括交易信息的第二界面，在第二界面中，第一交易信息和第二交易信息以第二版式排布，其中至少第二交易信息在第二版式中的显示形式与在第一版式中不同；最后，展示第二界面，以使第二交易方查看其关注的第二交易信息。

看完了专利文书中的现有技术和专利摘要，我们再看一看当时专利交底书是怎么写的。

专利交底书核心逻辑：

> 用户支付完成之后，显示支付成功界面；
>
> 对于不同的转动角度，预设不同的界面排版方式；
>
> 系统监听设备转动角度是否超过阈值，如果转动角度超过一定阈值，就调整对应的界面排版方式。

专利交底书中的流程图如图 6.10 所示，支付专利示意图如图 6.11 所示，支付专利补充说明如图 6.12 所示。

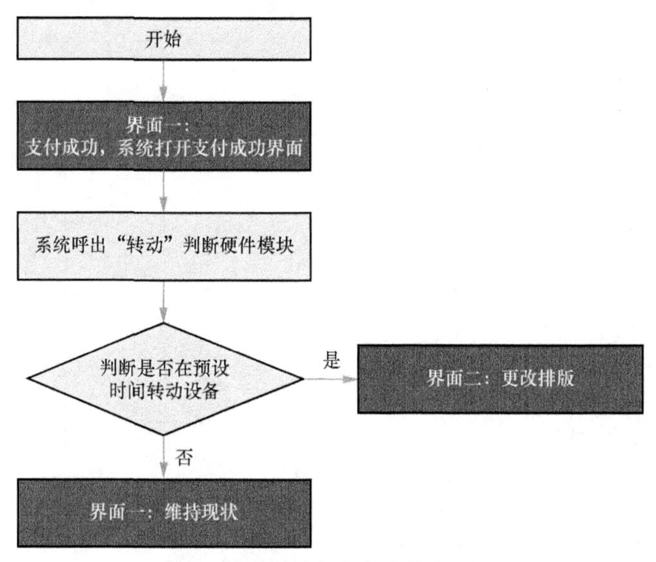

图 6.10　专利交底书中的流程图

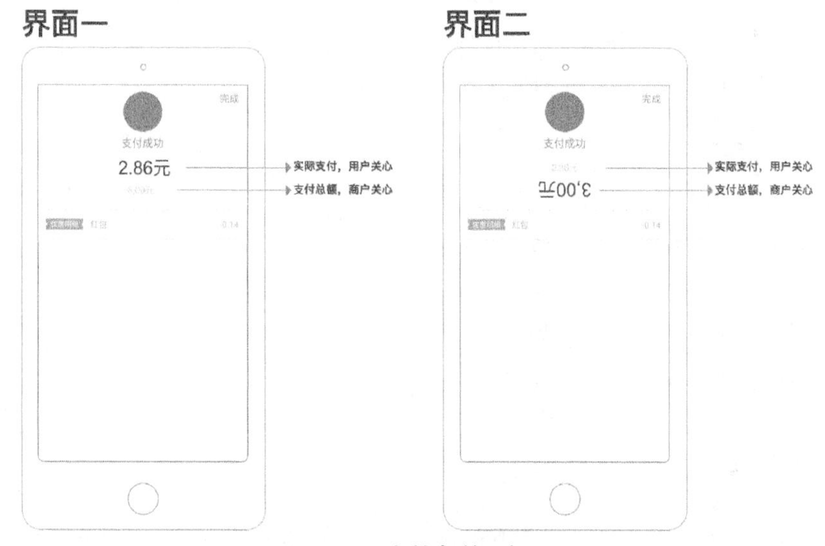

图 6.11　支付专利示意图

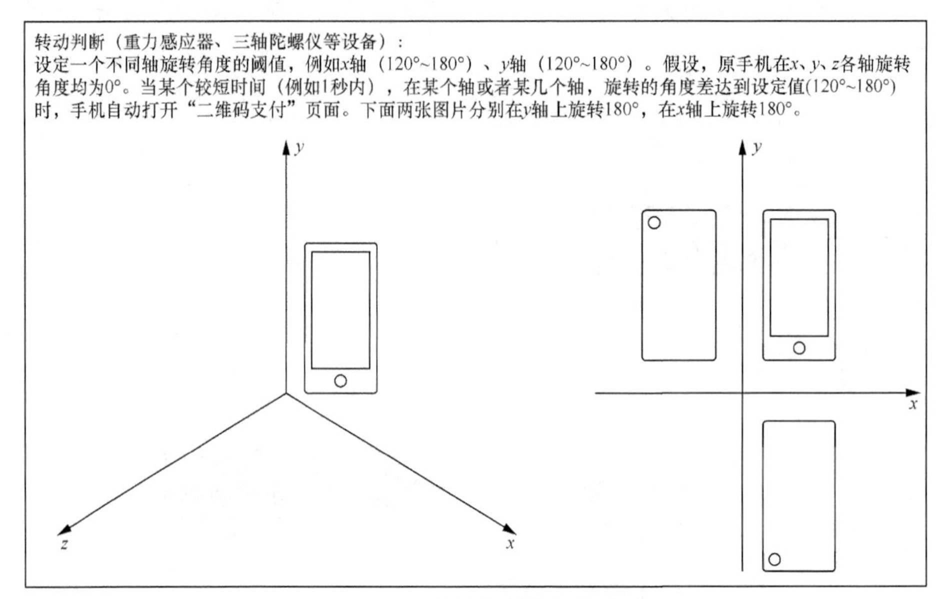

图 6.12　支付专利补充说明

在这里，我们可以看到两部分内容：一部分是针对专利涉及的几个关键帧给出的示意图（其目的是让专利代理人和国家知识产权局的审查人员，看明白实际的应用场景）；另一部分是针对“设备转动”的技术实现方案，给出的一些实现逻辑，例如利用三轴陀螺仪来监听设备。

可替代方案：

> 对于设备转动的定义，不局限于通过三轴陀螺仪等现有传感器设备，也可以是监听“设备在空间发生移动和转动”的其他设备。
>
> 界面排版的方式，不局限于文字、图形的大小、颜色、布局、透明度变化，还可以是各类形、色、质、构的组合方式。
>
> 检测到设备转动后，可以制定一个或者多个界面排版的方案。

3. 创作背景

到这里，你会发现，这件专利的创作背景，一部分来自我对公司核心业务的感知，另一部分来自我实际使用公司产品时的体验。就像我在前文提到的，我虽然在中后台工作，但是对公司“前线”保持着感知。所以，浸润在大环境中，我们其实会在不经意的时候产生创意。当然，我们也要不断使用公司的产品，才能发现改进体验的具体切入点。

所以，即使你并不处于公司的核心业务线，在完成本职工作之余，也可以多关注一下公司的核心业务，这是非常有好处的。

第 7 章　开眼界：86 件发明专利赏析

通过前 6 章，我们了解了发明创造相关的诸多知识点，例如《专利法》相关的内容，为什么需要发明创造，其定义是什么，以及如何看懂发明专利；再例如发明人创新相关的内容，如何产生和筛选出好创意，并将其撰写成专利交底书，从而完成专利申请。

在最后一章，我精选出 86 件发明专利，带你去解读一群优秀发明人的发明创造，了解其创新的过程；同时也建议你效仿，建立自己的专利素材库，并将其用于日常学习和进步。

7.1　每个人都需要自己的专利素材库

很多人认为创造的过程就是灵感迸发，产生奇思妙想，甚至有些人会为了保持自己思维的独特性，刻意让自己远离同行创造的内容，避免自己的想法被其他人影响。

在很多创新故事中，有一些故事让我们印象深刻，例如牛顿和苹果的故事。据说，1666 年夏天，牛顿为了躲避瘟疫，回到了老家伍尔索普，有一个下午，牛顿坐在庄园里的一棵苹果树下，看到一个苹果掉落下来，这一现象激发了他的思维，他在后来提出了重力学说。后来，这个故事被改编成：牛顿被苹果砸到之后，发现了万有引力。

先不说这个故事的真实性如何，我们可能被故事中的一些关键词所吸引，从而建立一个错误的逻辑关系，即牛顿被苹果砸到，才发现万有引力。虽然，苹果掉下来是一个偶然的、不确定的事件，它确实对这个重大发现有帮助，但是它只是相关事件，而非因果事件。真正对发现万有引力有影响的，是牛顿对相关领域知识的学习、理解和内化，他在脑中已经建立起万有引力的知识库，因此当一个偶然事件到来时，他才顿悟。也就是说，即使那天没有掉下来苹果，也会有雪梨启发牛顿。

我们不必追逐不确定性，而是要关注创新过程最大的确定性——知识的积累和内化。

7.1.1 知识的积累和内化，是创新过程最大的确定性

米哈伊·契克森米哈伊（Mihaly Csikszentmihalyi）在《创造力：心流与创新心理学》一书中，明确提出了创造力的 5 个时期。

第一，准备期，开始有意识或无意识地沉浸在一系列有趣、能唤起好奇心的问题中。

对某个问题进行长时间思考的人通常拥有洞见能力。而对于这些极具创造力的创新者，主要有 3 个问题来源。

- 个人视角：生活是问题之源，尤其是那些让人感到不舒服的生活细节。
- 领域视角：过去的知识无法解决的问题。
- 学界视角：老师、同学、同事帮助发现的问题。注册专利最多的往往是高校以及各领域的大企业，人才密集的地方很容易产生创新。

此外，新的问题（原创的新问题）比旧的问题（已知的老问题）更容易产生伟大的成果。

第二，酝酿期，想法在潜意识中翻腾。

> 不熟悉物理学相关分支的人，无论睡多长时间，也无法得出关于量子电动力学的新的解决方案。

书中用了这样一句话来强调酝酿期需要积累足够的基础知识。要对一个问题做出创新，就意味着需要对这个问题所在的领域有足够的学习和理解，甚至需要对周边领域有一定的认知。

只有在掌握这些基础知识之后，才能进入想法的酝酿过程，整个过程短则几个月，长则数年。而酝酿的过程，就是在潜意识里将看似无关的知识进行加工或者连接的过程。

第三，顿悟期，惊喜时刻。

创新者会在某个不经意的瞬间顿悟，想明白某个问题的解法。就像牛顿看到下落的苹果，想到了重力；凯库勒梦见一条首尾相接的蛇，由此破解了苯的六角环形结构；门捷列夫做梦，画出了元素周期表。

这是大量酝酿之后的、具有偶然性的结果，也是一种具有确定性的结果，只是在故事的描述上会成为另一个版本而已。

第四，评价期，必须评估自己的发现是否有价值，是否值得继续研究下去。

带着自己的专业能力，和同事讨论或者自己评估这些想法是否值得继续研究和验证。而所谓的专业能力完全基于自己之前的学习和内容。

第五，精耕期，这个过程可能花费大量时间和精力，即所谓的1%的灵感加上99%的汗水。

创新者需要付出大量成本，去将想法变成一个现实可行的方案，虽然过程非常艰苦，但是对创新者而言，往往能够乐在其中。同时，书中还记录了4个非常重要的条件，避免创新者进入闭门造车的状态。

- 关注正在开展的工作，注意新观点、新问题和新洞见什么时候会从与环境的互动中显现出来。开放和灵活是富有创造力的人工作时的重要特点。
- 注意自己的目标和感受，了解工作是否确实如预期那样发展。
- 保持接触领域知识，利用最有效的技术、最完备的信息以及最好的理论。
- 听取同事们的建议。

书中其实还有一个观点，让我很震撼，打消了我之前对创新的顾虑。这个观点是：地球上，最具创新能力的人，从来不是什么都不懂的人，或者是涉世未深的小孩子，突然想到一个好主意，而是一群专业的人，在某个领域扎根以及夜以继日地努力所产出的共同创新。

所以，我们要成为一个发明家，就得学会看懂自己领域的专利，并积累一些常见的、有启发性的创新素材。而实现这些最好的方法，就是积累自己的专利素材库，并时常查看和内化这些知识，让自己做好创新的准备，帮助自己保持想法的活跃，并快速评价这些想法。

最后，还是要强调：**要有自己的专利素材库，而不是别人的**。虽然，在本章的后面，我们会展示专利素材库，但这些内容只是我们的，而不是你的。互联网提供了很多便利的手段，让我们存储知识，但是自己不学习、不回顾和不应用，这些知识就始终是他人的，无法内化，从而导致自己没办法顺利进行创新。

7.1.2 3条原则，建立自己的知识库

在《专利文献阅读的七个误区》一文中，一位专利代理人总结了阅读专利文献的原因：专利作为创新的载体，具有技术属性，往往会让大家觉得很难阅读，并且随着专利数量的增加，其质量也良莠不齐，要从中阅读到有价值的信息更是难上加难。但是阅读专利文献，在很多情况下是一种基本技能。

> 为了找到评述技术方案的创新的对比文件，需要阅读专利文献。
>
> 为了获取领域专利保护情况，需要阅读专利文献。
>
> 为了了解专利技术领域发展脉络，需要阅读专利文献。
>
> 为了客观评估专利价值，也需要阅读专利文献。

而发明人阅读专利，构建自己的专利素材库，更多的目的是了解自己领域专利技术的发展脉络。现在的专利实在太多了，通过一些原则，能够帮助你快速对专利进行筛选。

对发明人而言，主要是以建立专利素材库为目的筛选专利，我推荐以下3个筛选原则。

- 与自己的能力和兴趣相匹配。例如，对我来说，在新能源汽车的电池、电机、电控和智能座舱4个研究方向中，后2个是优选的。
- 关注巧妙和简单的专利。选择用简单方法解决复杂问题的技术创新，而不是采用复杂方法的。
- 涉及的场景或者解决问题的方法很有意思，能够打动人以及扩展认知边界的专利。

如果你对新能源汽车的电控和智能座舱有兴趣，可以在我的公众号中发送“1000个专利”，你将收到一则语音分享。

7.1.3 让我们开始吧

对未来最好的预见是回顾过去。所以，建立一个自己专属的专利素材库，就是给自己这台创新机器注入能量。接下来将介绍 86 个精选的发明专利，其中包含 60 个新能源汽车相关的电控和智能座舱的专利，以及 26 个互联网相关的即时通信专利。

7.2 新能源汽车专利

7.2.1 智能座舱

1. 根据乘客的习惯调节玻璃颜色，避免太阳直射

烈日炎炎，当我们行驶在公路上时，光线总是能够穿过车辆的各种玻璃，照射到乘客和驾驶员的眼睛。这个时候，我们总是会手忙脚乱地调整车上的一切物体用于遮挡烈日，有时会用遮阳板，有时会用车窗的遮阳帘。一阵调整之后，刚好堵住了直射的阳光，然后车辆一转弯，或者太阳微微“低头”，又得进行一次调整。同时，我们还会发现，同样位置上的不同人，由于身高、体重不一样，光线照射到眼睛的情况千差万别，因此这种调整不仅复杂琐碎，还涉及千人千面的问题。

而这个发明创造就是用来解决这些问题的。只是这个发明创造在思路上，并没有沿用物理遮光板的方式，而是选择了可以数字化控制的可调色玻璃，即根据每位乘客的习惯调整玻璃颜色，从而避免太阳直射。为了实现这样的效果，具体发明内容如下：

- 检测车辆玻璃的光照强度，并根据玻璃和乘员位置关联数据，确定与所述玻璃关联的乘员，例如右前侧玻璃和副驾驶员关联；
- 获取乘员的生物特征信息（例如指纹特征、语音特征、面部特征等），识别乘员的身份；
- 查找该乘员的历史调节数据，也就是当前乘员根据光照强度调节或者设置玻璃颜色的数据；
- 将该玻璃的颜色调节为光照相对应等级的颜色，从而避免光线刺目。

这个发明创造的技术背景还是很有共性的，大家对这种反复调整很是头疼，所以这个发明创造的实用性毋庸置疑。同时，这个发明创造的解法还是很有创造性的。它并没有沿用现有的物理遮光板这个思路，而是引进了变色玻璃这一材质来解决这个问题；同时在调节变色玻璃上，充分运用数字化的方式，这是这件专利最核心的内容，也是其创造性的来源。因为单纯从变色玻璃角度出发的发明是一个非常成熟的技术，很难再申请专利，所以新颖性容易受到挑战。而变色玻璃和人的交互方式，现有的专利很少涉及，同时通过乘客的历史条件数据来控制玻璃的变色强度，是一个非常不错的创新。

专利申请号及名称：CN201910406316.3 一种车辆玻璃的控制方法及车辆。

2. 午休场景下，使用之前的香氛设置

汽车是一个密闭空间，其中的味/嗅觉通道的应用会非常广泛。汽车会使用一种或者多种混合香料，在车内营造不同的香味，来匹配当前的氛围。用户在运动模式下驾驶车辆时，更加喜欢清爽的感觉；在午休模式下，更加需要温馨安静的感觉；当用户在车内开启影院模式的时候，就会期待车内香氛系统和电影播放剧情相契合。这种香氛系统的应用取代了传统的外放香水瓶的方式，更加安全和智能，同时香氛系统还带有明显的品牌特征，可以增加品牌识别度。另外，香氛系统还可以优化车内环境，并通过气味选择、浓度选择等用户主动设定的功能，增强用户体验。

虽然这种香氛系统比传统香水瓶更加智能，但它在使用上还是存在很多烦琐的过程和操作。用户需要在不同的场景下，切换到不同香氛设置，例如，用户刚从午休模式退出，准备开车离开，此时香氛系统若还是沿用现有香味，给人一种温馨安静的感觉，容易让人昏昏欲睡。同时，我们会发现用户在设置香氛的时候，会留下很强的使用痕迹，也就是说之前午休模式下做了某种香氛设置，那么下一次午休通常会使用同一种香氛设置。

所以，这个发明创造从香氛的调节入手，通过用户的使用痕迹改进整体使用体验，具体发明内容如下：

- 当判定当前用户具有功能模式使用记录时，获取所述当前用户上一次使用的功能模式，例如，在上一次午休模式下，使用温馨的配方；
- 若上一次使用的功能模式为混香模式，则获取上一次使用的混香香味，并控制所述香味发生装置释放所述混香香味的香氛，给予用户相同的感觉。

这个发明创造除了应用在午休、驾驶等常规场景中，还可以扩展应用在很多紧急状况出现时，例如，监测到驾驶员有困意（摄像头分析驾驶员的眼睛和坐姿），可以做出嗅觉反馈，让驾驶员恢复清醒；监测到后排用户晕车，可以关闭香薰或者使用防晕车配方。

专利申请号及名称：CN201910521214.6 一种汽车香氛控制方法及装置。

3．根据历史充电记录，判断本次充多少电

电动汽车会频繁地使用各种充电桩充电。一开始的时候，用户往往会选择将电池充满，这样可以获取最长的行驶里程，也在一定程度上缓解里程焦虑的问题。随着使用次数的增加和充电体验的变化，用户每次充电时的充电量会发生很大变化，也就是说可能某一次充电不一定要充到 100%，而且不同人、不同车会设置不同的充电上限。

主要有 3 种原因导致了这种现象的发生：第一种，充电到极限值会对电池寿命产生影响，也就是说每次充电到极限值 100%会缩短电池的使用寿命；第二种，充电量和充电时间并不是线性关系，尤其在充电量达到 80%以后，功率会逐步下降，导致充电时间急剧增加，有些车型甚至充满最后 20%的电量的时间需要占据总充电时间的一半；第三种，电池容量趋于饱和时，电池的动能回收系统会暂停使用，也就是说电量在 80%以上时，在车辆刹车和下坡时，其机械能不会反哺到电池中。

当用户发现这个问题时，就会有意识控制充电上限，然而现有技术方案往往只提供了一个设置入口，让用户手动控制本次充电上限。而这种主观的手动控制过程烦琐，需要用户频繁地进行设置，而且手动设置的充电上限可能和实际电池状态适合的充电上限存在一定的偏差。这个发明创造在此基础上进行优化，具体发明内容如下：

- 获取车辆历史充电数据，即多次充电的充电量和充电时长；
- 基于历史充电数据，确定充电量与充电时长的变化关系；
- 基于变化关系和多次充电的平均充电时长，确定本次充电的目标充电量。

简单来说，就是基于车辆的历史充电记录，来估算充电效率和电池的健康度，从而调整本次充电最大电量。一般电池衰竭是有一定规律的，汽车厂商也会给出一个统计值或者让用户手动设置一个值，但是每辆车有自己的特征，所以这个规

律并不完全相同。但是这个发明创造通过分析车辆的充电记录，并计算获得更加精准的电池状态，从而保护电池寿命，提升充电效率，也进一步满足用户的使用需求。

专利申请号及名称：CN201910267569.7 估计动力电池的目标充电量的方法、装置及相应的车辆。

4. 根据人员和场景，调整语音的唤醒阈值

无论是车载的语音设备，还是家庭使用的语音设备，都需要实时等候用户的呼唤，从而触发相关的功能。为了提供这种体验，同时避免语音设备错误介入用户之间的交谈，一般语音设备会被设置一个唤醒词，例如将“天猫精灵”“小爱同学”“你好，理想同学”等，作为开启用户和设备语音交互的触发点。然而，仅通过语音感知的交互方式，不仅对唤醒词的要求高，例如需要预先设置 3 ~ 5 个字的、非口语化的唤醒词，同时要求唤醒词的音节覆盖尽量多，还存在设备较难唤醒或误唤醒率较高的情况，并且在用户进行唤醒时，每次都需要语音输入同一个唤醒词，唤醒过程较复杂。

而实际产品中，一般语音唤醒词既要考虑易懂性，也要考虑精确性，所以设计的时候，都会采用兼顾的方案。但这容易导致唤醒词既不易懂，也不精确。例如，我的车设置的唤醒词是“你好，理想同学”，这个唤醒词很长，有时喊了半天都识别不了，有时却会误触（当我和家人一起聊天的时候，突然有辆理想汽车过来，我就会说：“你看，前面有辆理想同学。”此时语音会被唤醒，这种糟糕的情况已经出现很多次了）。

当然，这个问题也普遍存在于家庭使用的语音交互，但是车载的语音交互存在一些特殊的场景，例如，车辆行驶时乘员只有一个人，这个人一定是驾驶员；车辆行驶时乘员有多个人，很有可能后排乘客在睡觉或者休息。而这个发明创造就是基于车辆作为一个载体时人员和场景具有特殊性进行创作的，具体发明内容如下：

- 根据所述图像数据，确定所述用户对应的用户场景，例如，识别到其他乘客睡着了，彼此之间没有交谈；
- 根据所述用户场景，调节车载语音设备的唤醒阈值，例如，驾驶员直接说话，就识别成命令；
- 根据所述唤醒阈值，对所述车载语音设备进行唤醒。

这个发明创造主要通过摄像头和红外传感器，感知车内人员情况和场景，从而对语音唤醒词触发阈值进行调整，在精确性和易读性上进行动态调整。例如，车里只有驾驶员时，只要他说出“理想”或者“Hi”，就能唤醒语音设备；车里人多，且在长时间交谈，那么乘员必须说出完整的“你好，理想同学”，才能唤醒语音设备。在一个设计必须有所取舍的时候，往往选择将其平庸化。但是，数字世界有一个特征就是动态，即可以根据场景进行动态适配，并不需要一个静止的、平面的设计来平衡约束。

专利申请号及名称：CN201910485184.8 车载语音设备的唤醒方法、装置、车辆以及机器可读介质。

5. 根据乘客数量，决定语音播放策略

在车辆使用过程中，存在一个非常明确的矛盾：我们希望车辆保留更多的驾驶人员习惯和生活痕迹，能够在不同设备之间无缝衔接，所以在车辆上会登录很多社交账号，让车辆更加私人化；同时，车辆又要在一些特定时间和地点搭乘其他乘客，让车辆有一定程度的公开化。例如，现在越来越多的车辆是支持微信登录的，当只有驾驶员一个人的时候，这是非常好的体验，可以在车上尤其在行驶过程中，接收各种语音和消息；然而如果车内有其他人的时候，这种便捷性就会带来隐私泄露的风险。

同时，私人化和公开化的矛盾在行驶过程中会逐步放大，因为驾驶员没有那么多的闲余时间操作设备，操作时也存在一定的安全风险。例如，我做了一次顺风车司机，顺路送同事回家，此时车辆登录的微信或者短信正好来了一条语音播报，又恰好是猎头的招聘信息。你可以想象到，我那个时候不仅狼狈不堪，甚至有可能做出影响安全驾驶的行为。再如，在同样的场景下，突然来了一条薪水短信并开启了自动播放，这也会让我陷于尴尬的处境。所以，这种矛盾在我们接下来车辆的智能化过程中，会越来越显著。

而为了满足不同车辆场景下，车内人员对车内播报信息的差异化需求，这个发明创造对播报系统进行智能动态调整来解决这个问题。具体发明内容如下：

- 判断车辆是否行驶；
- 判断车内是否有乘客，可以用车内摄像头或者座椅的压力传感器来进行检测；

- 根据行驶状态和乘客人数，匹配对应的语音播放规则，过滤一些敏感信息或者不进行播报。

这个发明创造和前文提到的“根据人员和场景，调整语音的唤醒阈值”有点相似。虽然这两个发明创造来自两家不同的新能源车企，但是创造的过程却有迹可循：第一，都定义了特殊的场景（主要由人和人之间的关系所决定的场景），因为人机交互体验的问题有时不在于人和机器的交互，反而在于人和人之间的互动；第二，将场景作为自变量，将应对策略作为因变量，让机器自动多做一点工作，更懂使用它的用户，从而让用户有更好的体验；第三，充分考虑到了新能源车辆的特殊性，拓展了以往没有的使用场景，也兼具私人属性和公开属性，这是在家庭场景和手机场景中容易忽略的地方。

专利申请号及名称：CN201610847936.7 车机播报系统和方法。

6．屏幕太暗看不清，通过航向和坐标调节屏幕亮度

现在新能源汽车上的屏幕越来越多、越来越大，它集中了大量的车辆功能，包括娱乐和车辆控制等。由于车窗玻璃和全景式天窗的出现，太阳光线能够更多地照射到车内，也会照到屏幕上。同时，由于屏幕是自发光单元又是光面，强烈的太阳光线有时会让屏幕亮度不足，或者屏幕上会产生镜面反射导致用户看不清楚。

现有的技术方案是沿用之前在手机厂商中广泛出现的光敏传感器来实现屏幕亮度的调节的。这个做法在手机端非常适用，因为其屏幕足够小，在光线强烈时可以自动点亮屏幕；在用户接听电话时可以关闭屏幕（结合距离传感器），避免接听电话期间误触屏幕。然而，车内屏幕大小是手机屏幕大小的几倍，不可能在屏幕的所有地方安装传感器，尤其在屏幕中间。这就导致了一个现象：安装传感器部分的屏幕刚好没有光线照到，此时系统无须调节屏幕亮度；而其他部分正在被光线直射，导致原有的屏幕亮度不足。这就让用户调节起来非常费力，还会存在一定的驾驶风险。而且我们知道车辆行驶时，车内光线会动态变化，即使当下调好了，过一会儿又没用了，这一操作还会非常费时。

而这个发明创造就是在光线传感器的基础上，结合车辆的航向和地理特征，实时调节车内屏幕的亮度。具体发明内容如下：

- 接收来自车辆的亮度调节信息，包括屏幕的光感信息和位置相关信息；

- 根据当前时区、天气、时间、经纬度和车辆航向，建立车内光照判断模型；
- 通过光照模型来实时调节各个屏幕的显示亮度。

我们可以看到，这个发明创造在沿用手机光照方案的基础上进行车辆场景的定制化处理，做出了不小的创新。同时，我回忆起两个自己写过的类似专利，这里分享给大家。

第一个，通过航向实现航班的选座预览。在汽车或者飞机上，当我们选择靠窗座位时，有些人喜欢看太阳，有些人却不喜欢。然而我们在选座的时候是缺少信息判断的。这件专利会根据航班的航向、目的地，以及时区、天气等相关信息，渲染出每个位置在飞行过程中的座位光照情况，让用户能提前了解座位情况。

第二个，通过太阳光线变化实现室外球场的选座预览。原理和上述非常接近，主要应用在白天的足球赛场上，其室外座位会受到太阳光的照射。而这件专利是根据当地的天气和时间等多种信息，形成每个座位的光照图，以解释座位价格，方便用户选择。

这些发明创造的创新的方法是存在很多联系的，你可以多看、多听、多想，然后去自己的领域实践。

专利申请号及名称：CN201910318059.8 用于调节车载显示装置亮度的系统及方法。

7. 哪里热，空调就吹哪里

为了实现车内空间温度的调节，车辆都会设置多个空调出风口以满足不同座位上的乘客的温度需求。但是，正因如此，为了满足车内乘客吹风需求，可能需要调节每个空调出风口的角度或风速。而在车内只有一个乘客（如车辆驾驶员）的情况下，此时他可能会想关闭其他无关的空调出风口或调整其他空调出风口的角度，而让更多的空调风吹向他自己，以达到迅速降温或升温的目的。在这种情况下，驾驶员可能需要先停车，然后手动关闭其他空调出风口或调整其他空调出风口的角度，这样做比较麻烦，并且全部的空调出风口均开启，会使得车辆空调耗能较大。此外，即使设置了合理的出风方式，但是车辆行驶中受到光照的影响，也会导致局部温度过高，例如，太阳光直射前挡风玻璃，导致前排温度迅速上升。

虽然现有技术有了一定改进，可以让驾驶员在操作屏幕上直接操作所有空调出风口的风量和朝向，但还是需要驾驶员主动操作，甚至需要停车调节，整个操作的便捷性较差，给使用者带来了较差的体验。而这个发明创造就是在现有技术的基础上进行改进，具体发明内容如下：

- 通过红外传感器等设备获取各个位置上乘客的皮肤温度，以获取头部皮肤温度为主；
- 将乘客的温度与对应的空调出风口的出风温度进行比对，获得比对结果，例如，坐后排用户皮肤温度已达到 38℃，而负责后排降温的几个空调出风口并没有开启降温操作；
- 根据比对结果，调节相关空调出风口的风量和温度，例如，上述比对结果显示温度异常，就自动打开相关空调出风口进行降温。

这个发明创造通过智能化调节的方式，将用户想要的降温结果和降温手段直接绑定，提升整个产品的用户体验。当然，这种处理方法在实际产品中应用的时候，需要和多种不同极端场景进行融合，不然会适得其反。例如，坐后排的用户的皮肤温度虽然有 38℃，但他就是发烧了，不适合吹风。而这个发明创造宣扬的智能行为，瞬间成为“智障”行为。但是，我们要区分发明创造和具体的产品应用，这两者本质上是不同的。前者会更加强调其创意本身，而其中产生一些小问题是没有关系的，并不影响对其创造性的判断；后者会更加强调工程化落地以及实际应用时的取舍。所以，发明创造来源于具体的产品或者将在未来应用的产品，但可以高于现有产品。

专利申请号及名称：CN201910125546.2 空调吹风控制方法、装置、电子设备及存储介质。

8. 在驾驶员打电话给家里时，扬声器专供其私享

虽然车辆中的喇叭很多，但是声音输出方式单一，通常只能同时播放一路声音。在接收到新的声音时，需要暂时中断正在播放的声音，插入新的声音，导致用户收听声音受到干扰，例如，在听歌的过程中，需要播放导航信息，此时就得强行中断音乐，切换成导航播报，播报完成之后再切换为音乐，如此反复。又如，车辆中的一些隐私信息只能让驾驶员听到，例如驾驶过程中，突然来了一个私人蓝牙电话，此时最佳体验应该是只有驾驶员一个人完成通话。

现有技术方案中，也有同时播放多路声音的尝试，一般的结果就是多路声音之间存在相互干扰的情况，导致用户无法听清声音内容，从而导致用户无法获得

很好的声音收听体验。如何在智能座舱中为用户提供良好的声音收听体验，是目前急需解决的问题。而这个发明创造通过智能化的数据分析手段，为不同类型的声音匹配不同类型的播放策略，打造专属的声场，从而提升声音收听体验，具体发明内容如下：

- 识别接收到的声音播放请求的内容类型，其中所述内容类型包括通话类型、驾驶关联类型、娱乐关联类型、警报类型；
- 根据所述内容类型，查找所述智能座舱中的目标用户，例如驾驶关联类型的通话信息的目标用户就是驾驶员；
- 针对所述目标用户，指向性地播放所述声音播放请求对应的声音，例如通过扬声器的音量控制，在驾驶员耳朵附近形成该信息的专属声场。

这个发明创造质量非常高，也非常符合创造性的专利标准，用更小的软件成本优化了产品体验，同时，这是人车交互中比较自然的方式。当然，现有一些方案会通过在座椅上设置专属扬声器，通过物理隔离的方式形成驾驶员专属声场，这也是一种很好的解决方案，只是整体的成本会升高。不过，我们可以看到随着车辆作为第三空间的用途越来越多，在这样的私密空间里，构建这些专属个人空间，就变得非常重要。这些细微的体验逐步成为产品的核心卖点，是值得产品设计从业者欣喜的事情。

专利申请号及名称：CN202010956569.0 一种车辆智能座舱的声音输出控制方法和智能座舱。

9. 在驾驶员不方便接蓝牙电话时，自动忽略来电

为了便于驾驶，如今的车辆中都设置了拨打和接收电话的车载蓝牙通信功能，以便用户能够在驾驶车辆的过程中，无须操作手机，就能够及时地接打电话。当然，在用户驾驶车辆时接收的来电并非都需要用户接听，例如，当用户驾驶车辆经过人流及车辆情况较为复杂的街道时，此时若有来电，为了确保安全驾驶，用户是不便接听电话的；再如，用户在进行相对激烈的驾驶操作时，车速很快，不方便接听；再如，一个用户正在进行商务接待工作，车上正坐着重要客人，此时来一个家庭电话，不方便接听，也不适合挂断。

而在这些应该忽略来电的场景下，现有技术方案只会提供接通和挂断的快捷功能，需要多步操作才能忽略来电。这就导致一种现象，用户一直让车载扬声器

或者手机响着，直至对方挂断手机，这会使双方体验都不好。而这个发明创造就是通过智能化定义特殊场景，帮助用户自动忽略电话，具体发明内容如下：

- 当车辆连接的手机有新来电时，判断当前是否符合来电忽略条件；
- 来电忽略条件至少包括时间条件、用户行为条件及车辆行驶条件中的一种，例如用户超过 10s 未接、车速超过 120km/h、用户预设忽略几个特殊电话号码等；
- 如果符合来电忽略条件中的一种，则调整来电提示进程至来电忽略状态，同时，让被来电中断的音乐重新播放。

来电忽略这个功能，在车辆这个密闭空间中更加重要和必要。同时，车辆作为社交场所（公共性）和作为私人场所（私密性）之间的矛盾会越来越多，通过软硬件智能化来解决矛盾的手段，也越来越普及。

通过这个发明创造，我回想起自己写过的发明专利：使用手机自拍功能拍摄多人的时候，手机自动屏蔽信息通知。整个实现逻辑和这个发明有异曲同工之妙。手机在绝大部分条件下，都是一个私人使用场景（只要符合解锁条件）；但是，当朋友聚会的时候，总是有人一时兴起使用手机的前置摄像头进行合照，如果此时来了一条薪酬短信或者私人微信，就会在众目睽睽之下完全暴露，非常尴尬。类似的场景，也会出现在开会投屏的时候，无论是线上还是线下都有一定概率将新来的信息暴露。这些问题的解法留给你去畅想；同时，你如果去细心观察身边的这些场景，就能找到发明创造永不枯竭的源泉。

专利申请号及名称：CN201910728557.X 来电控制方法及装置。

10. 副驾驶员说关闭车窗，右侧车窗则应声关闭

在车内进行语音交互的时候，有时乘客众多以及道路环境比较复杂，会出现噪声，很容易导致用户和车辆设备交互不畅通甚至中断。例如，副驾驶员唤起了语音设备，准备关闭车窗，但此时后排乘客也在说话，说到音乐相关的关键词。此时，语音识别系统就陷入混乱，是继续执行关闭车窗的命令，还是执行播放音乐的命令，又或者同时执行这两个命令。在这样的场景下，命令无法表达出来。这样的场景就是我们十分常见的干扰场景。

这个发明创造通过判断声音来源和唤起语音机器人的乘客进行精准交互。具体发明内容如下：

- 当语音设备被唤起时，系统确定语音来源方向，例如，副驾驶员唤起了语音机器人，此时系统记住唤起人；
- 对比车上不同麦克风接收音量的大小，来判断语音来源方向以及哪位用户正在发声，例如，此时车内有多个声源发声，识别出副驾驶员的语音命令；
- 锁定语音来源之后，本轮交互只和该乘客进行，暂不执行其他乘客的语音控制命令，例如，识别出副驾驶员要求关闭车窗，就只执行这个命令，直至本轮交互结束。

同时，这个发明创造还可以实现进一步的执行优化，例如，副驾驶员要求关闭车窗，系统识别来源之后，可以优先关闭副驾驶员这侧的车窗。这目前在新能源车企已经实现，体验很棒。我购买家庭用车的时候，就被这个功能吸引，也多次向坐我的车的乘客介绍过这个交互方式。

说到这里，我们可以回顾6.3.2节的案例。这两个发明创造在创新思路上有类似的实现方式。

专利申请号及名称：CN202010978813.3 人机对话方法、装置、机器人、计算机设备和存储介质。

11. 路过美景，边开车边拍照

有过自驾游经历的朋友会发现，最美的景色往往就在路上。我曾在一年的时间内，走过国内 4 万多公里的景观大道。但目前观景台的设置其实并不发达，尤其当在国道或者高速上看到美丽的景色时，常常无法很好地记录和取景，例如，我曾路过新疆的果子沟大桥，整座大桥确实有鬼斧神工之妙，但是几公里的大桥却没有一个合适的观景台用于拍摄，实在令人遗憾。即使路边有合适的观景台，一般都需要先停车，再进行拍摄，整体操作的过程还是相对复杂的。

随着车辆外置摄像头数量的增多和技术的成熟，其多余的算力和拍摄能力，恰好可以用在车外取景上。而这个发明创造就是在这样的硬件基础和用户需求上，对车外摄像头进行数据化控制，从而改进产品体验的。具体发明内容如下：

- 采集出行数据，包含至少一种导航信息和用户身份信息，例如用户从赛里木湖导航去伊宁；
- 判断所述出行数据与所述旅途信息是否匹配，例如，导航路线显示会途径果子沟大桥，这是著名景点；

- 当所述出行数据与所述旅途信息匹配时，控制所述拍摄组件采集图像数据，例如，车辆行驶到果子沟大桥时，自动开启外部摄像头拍照或者拍摄视频。

在这个发明创造中，系统是通过将旅途信息和出行数据进行比对，触发拍摄功能的。其中，旅途信息不仅可以是公共信息，也可以是用户在出行前预设、收藏的一些小众景点。当然，关于拍摄的角度和质量，在工程化上还存在很大的挑战，这些没有在这个发明创造里体现。所以，还是要基于之前对创造性的理解，区分来源于产品的发明创造和具体应用在产品的创意之间的区别。用作申请专利的发明创造，会更加强调核心内容的创造性，具体应用时产生的一些问题是可以被忽略的，不需要追求完美。

此外，我还看到一个相近领域的发明创造：通过车辆控制无人机，进行探路和拍摄。有越野经验的朋友，在途经没有导航信息的路段时，会通过无人机提前进行探测，而这个发明创造就是将无人机的控制和显示，投射到车辆控制系统，实现探路工作。

专利申请号及名称：CN201910512671.9 一种车辆拍摄方法、装置、车辆和可读介质。

12. 贯穿式灯光随着音乐一直变化

现在，露营逐渐流行起来，用户开着新能源汽车进行露营的频率越来越高。在无须启动发动机的条件下，车辆抖动程度和噪声大幅度降低，同时新能源汽车也具备原地长时间供电和对外放电的功能，露营的核心就是围绕车的功能来展开各种场景，例如灯光照明、外放音响、外接火锅等。当用户打开所有车门，使用车内的音响开启唱歌的模式时，就将原有车包含人的关系，变成了车和人开放协作的关系。而在这样的使用场景中，车辆灯光的变化，就成了用户对车辆的增量需求：车灯原本用于照明，现在用于娱乐。

同时，车内外电器元件都是用电驱动的，而新能源汽车的电池储量都很大，并不需要发动机燃烧汽油进行供能，这使得这些电器可以在娱乐和静止状态下长时间运转，为它们提供其他功能和交互奠定了能量基础。而这个发明创造就是在增强车灯娱乐性上做出了创新，具体发明内容如下：

- 获取当前音乐曲目的乐曲信息，例如车辆正在播放《东风破》，获取该歌曲的节奏信息；

- 控制所述车灯根据所述乐曲信息以相应的发光区域和点亮时长展示灯光效果，例如《东风破》不同的节奏对应不同的灯光效果，尤其体现在贯穿式车灯上。

总结一下，这个发明创造的内容很简单、直接，就是根据歌曲的节奏来控制车灯的效果，尤其是车外的贯穿式灯光。例如，将音乐中的不同音符，对应到贯穿式灯光的不同部位，这样音律变化就会让灯光呈现不同的形状。用户在露营的场景下，就可以打开车门，和好友一起唱歌，而整车就像酒吧一样，灯光随着歌曲变换，调节氛围。

车灯不仅可以应用在音乐播放的氛围渲染上，还可以用在欢迎用户上。我看到过另一个发明创造，就是当车辆感知到用户靠近（主要是感知到蓝牙钥匙的靠近）时，会根据用户不同的走向，实现不同的灯光效果来引导和欢迎用户上车。例如，用户从车头方向走向驾驶位置，那么贯穿式尾灯就会随着用户靠近（蓝牙钥匙与车辆的距离，以及携带蓝牙钥匙的用户的位置），顺势点亮最近的车灯，随着用户路径，形成对应的灯带，从而引导和欢迎用户上车。

专利申请号及名称：CN202010827899.X 车灯的控制方法、控制装置和存储介质。

13. 预测充电桩的可用概率，引导车辆充电

在新能源汽车补能过程中，最让用户烦恼和费时的，并不是充电的过程，而是寻找合适的充电站并接上正确的充电桩。因为在充上电之后，用户往往会做其他事情，例如上厕所、买东西或在车里打游戏，所以整体体验还是比较平稳可控的，用户情绪波动并不大。相比之下，用户找到合适充电桩的耗时一般不超过总充电时间的 15%，但是其体验过程中的不可控因素很多，峰终体验很明显。

例如，用户通过用电地图找到一个充电站，倒车入库之后，打开充电口，下车拔掉充电桩的充电枪，插上充电枪，并扫码下载 App，注册完成之后，充值开启充电，几十秒之后发现这个桩不能使用，或者功率太低；此时，用户中断充电，拔枪后，将其放回充电桩，更换车位，再重复上述过程。期间的使用体验非常差，同时充电桩的线往往很重、很脏，使用体验就更差。除了上述体验，更加糟糕的是，用户开车几公里找到充电桩的时候，发现有充电桩的车位被油车占领，自己

的车辆无法完成充电。

现有技术只是完成充电桩的建设，而对充电桩的使用体验却没有做到很好。而这个发明创造就是在此基础上，对充电桩的可用性进行数据分析和预测，来提升用户找到合适充电桩的概率，提升充电体验。具体发明内容如下：

- 获取预设距离范围内的充电桩的预测参数，例如，排除或者标明慢充桩和不可用桩；
- 根据所述预测参数获取所述预设范围内的每个充电桩的可用概率，例如，根据充电桩当前的使用状态，或者历史的占位情况，估算当下的可用概率；
- 选择可用概率符合预设需求的充电桩进行推荐，例如，在地图上显示最优的充电站和充电桩，提示用户前往。

总结一下这个发明创造的内容，根据充电桩的充电参数，帮助车辆寻找合适的充电桩，加强桩和车辆的信息互通。这大幅提升了充电体验，缓解了原有充电体验中寻找合适的充电桩这一环节的糟糕体验。同时，这个发明创造还可以做一些扩展和创新，例如，找到合适的充电桩之后，对其进行预约和锁定；或者，在车辆赶往充电桩的路途中，如果充电桩状态发生变化，提示用户更改目的地等。

专利授权公告号及名称：CN108829778B 充电桩智能推荐方法、装置和系统。

14. 长按并滑动，快速切换到收藏的电台频道

在车辆行驶过程中实现屏幕点击等操作是相对困难的，尤其当车辆行驶在不平稳的路面上时，这个问题就会更加严重。而现有一些车辆的功能，需要用户在界面上进行操作。例如，电台可以在行车过程中语音播放资讯，现有的车载电台包括收藏电台和有效电台，收藏电台和有效电台混合显示在屏幕上；当用户切换频道时，需要进行频繁的点选操作才能进行频道切换，操作较为复杂，不利于安全驾驶。

触摸、点击、滑动等一些交互方式，在手机上是非常容易操作的，但是在行车环境中就存在问题。而这个发明创造就是在车载的环境中，调整触摸屏的交互方式，从而使用户得到更好的产品体验。具体发明内容如下：

- 用户对电台节目的喜好不同，同时用户可能会收藏一些频道，主要包含一些离散的频道，例如，FM 101.1、FM 102.5、FM 105.8 等，每个频道对应着用户喜欢的电台节目；

- 当用户准备切换电台时，可以不用点击这些按钮或者精确调整，只通过长按屏幕的指定位置之后左滑，就能从 FM 102.5（频道 A）精确跳转到 FM 101.1（频道 B），实现简易的盲操作。

正如上文所述，在行车过程中实现按钮的精确点击其实是比较难的，所以这个发明创造引入部分的手势操作，方便用户进行盲操作，可以提升操作精确度，并降低用户注意力的使用。

我之前在计算机应用上，写过一个类似的发明创造：我们在计算机上使用数值输入框时，可以通过长按上箭头或下箭头跳转到最大值或者最小值。例如，有一个数值输入框，可以输入 0～100 的数值，同时提供 1 个步长的上下跳转，长按上跳转，可以从 0,1,2,3,4,5,…,100 依次跳转到最大值；如果用户想要快速跳转，只能通过数值输入框输入或者等待一个一个往上跳转，而这个发明创造就提供了一种长按跳转的功能，可以实现跳跃中间的离散点，一步从任何值跳转到最大值，节省用户时间和操作。

这个发明创造来源于实际工作（发明创造的核心创意来源之一）中。所以，我始终认为观察自己的生活，以及关注自己工作中的困难点，是我们产生发明创造的两大来源，且这样产生的发明创造一般都符合实用性和创造性的要求，如果提出得足够早，就自然符合新颖性的要求。当你觉得自己的思维灵感枯竭的时候，就可以去思考自己的生活和工作，尤其是思考困难的工作，肯定有意料之外、情理之中的收获。那些发明创造就在那里，等着我们去发现。

专利申请号及名称：CN201910549457.0 一种电台频道切换方法、终端和车辆。

15. 一键触发，午休模式全部就位

随着汽车相关技术的不断发展，汽车渐渐成为我们生活中的一部分。人们不再只关注车辆驾驶，而是更加重视汽车所带来的便利、舒适等体验感。汽车对爱车之人来说，简直就是一个大玩具，对一般用户来说，车把使用者与外界分隔开来，犹如家的外延，使用者可以在车内休息、平静情绪、思考生活，从而得到精神上的安慰。同时，新能源汽车并不需要发动机工作带来电能，而是可以直接使用电池为车内各种电器件供电，这就让车作为我们的第三空间，越来越多地出现在日常生活中。例如，我特别喜欢在车内午休，打开空调、调节座椅位置、播放音乐、设置定时闹钟，没有抖动、没有噪声地睡上半小时。

正是这样的用户需求催生出很多车辆的午休功能，但是其交互方式相对烦琐，需要用户逐个调节，并不智能。而这个发明创造就是基于这种需求和现有技术的不足，改进硬件产品的休息模式的交互方式。具体发明内容如下：

- 当检测到氛围启动触发信号时，按照预设的顺序，依次控制汽车上安装的至少一个功能部件执行功能动作；
- 所述功能动作的类型和强度均与所述氛围启动触发信号对应，例如，座椅后仰 30°、关闭车窗等。

正如上文所述，我在办公室休息时，无论趴着还是躺着都不太舒服。由于车内环境静谧，我完全可以在地下车库或者室外进行短暂的休息。而这个发明创造就是为这种场景设计一个快捷操作，用户只需要按某个按钮，就可以实现休息模式的打开操作，例如，座椅后仰、车窗关闭、音乐音量降低、车内气味条件改变等一系列动作。

从发明创造的定义中，我们可以了解到这个发明创造是由对方法的改进而提出的新的技术方案。现有技术方案中已经包含这个发明创造所列出的各类实体产品，所以这个发明创造更多强调如何将这些实体产品通过合适的场景串联在一起，形成这些实体产品的使用方法。细心的你可以发现，这个方法是有改进空间的，例如，可以让休息模式更加智能的触发机制，不只是通过一个按钮来触发。这些对于方法的改进所提出的新的技术方案，也可以申请另外的发明专利。

专利申请号及名称：CN201910288430.0 一种汽车使用氛围调节方法、系统以及汽车。

16. 手指接触面积不变，实现行车中触摸精确感知

现在越来越多的电子产品，支持用户在触摸屏上完成和软件的交互。例如，在相机上，我们可以用手指点击触摸屏实现照片拍摄或者预览；在手机上，我们可以用手指点击触摸屏实现视频通话以及网页浏览。这样的交互习惯也被移植到车辆的驾驶操作和娱乐功能中，也就是说越来越多的车辆功能都是通过用户和触摸屏的交互来完成的。在前文中，我们发现在车辆中，屏幕的可视化程度受到光照影响很大，而车辆行驶环境也会对触摸屏的各种手势交互产生较大影响。例如，车辆在一个抖动且不稳定的行驶环境中，用户特别容易误触。

在抖动环境中，造成屏幕误触率提升的原因主要在于触摸屏的工作原理。最

常见的基于触摸屏的压力检测方法，一般是在触摸屏下方设置压力传感器来检测压力的变化，再根据压力的变化形成不同的视觉效果和交互反馈。而在车辆行驶过程中，压力传感器容易受到车辆抖动的影响，使得压力检测的准确性大大降低。触摸屏的技术在多个领域都已经是成熟技术，而这个成熟技术在车辆行驶条件的限制下，变得状况百出。这个发明创造就是基于现有技术和特殊场景下的用户需求，提出新的技术方案来改进用户体验。具体发明内容如下：

- 当检测到用户手指按压所述触摸屏时，统计被触发的电容传感器的数量，例如，用户手指触摸后，触发 20 个电容电压变化；
- 检测电容数量是否在预设时间内保持不变，例如，在 2s 内，虽然用户手指抖动，但总体上还是触发 20 个电容电压变化；
- 若保持不变，根据电容数量确定所述用户手指与所述触摸屏的接触面积；
- 根据所述接触面积，获取用户按压的触摸屏压力值，例如，获得 20 个电容变化的压力值，对应实现相关的操作和视觉范围。

我第一次知道这件专利的时候，认为触摸屏这种技术几乎没有什么创新空间了，就像前文所说的，这是一个通用技术。学习了专利相关的内容之后，尤其是学习了专利中的创造性部分讲解的转换发明的定义后，我有一种豁然开朗的感觉。现有的成熟技术和新的业务场景结合时，可以产生全新的发明专利，这是将一种创新方法从一个场景转换到另一个场景的发明创造，叫作转换发明。当然，在这个过程中需要根据新场景，进行定制化处理，并不能将创新方法生搬硬套。

专利申请号及名称：CN201910255709.9 一种基于触摸屏的压力检测方法及检测装置。

17. 在车内有其他人时，进入隐私模式

目前已经有多个发明创造，涉及车内隐私模式的优化策略。其中，有通过信息的类型来确定播放策略的，例如，短信类信息不播放，导航信息只在驾驶员这一侧扬声器播放，音乐类信息全车播放；也有一些在特定条件下，对通话信息进行忽略的功能，例如，车速很快，达到 120km/h，在响铃 3 声之后，用户如果未接通，系统就会自动忽略等。

这些都是从不同的角度和实践来优化车辆的隐私场景的。车内智能座舱迭代之后，不得不面对的问题是：驾驶模式下的便捷性，与多人乘坐时的隐私性之间

的矛盾与冲突。同时，这个矛盾与冲突会随着车辆作为第三空间的定位逐渐清晰，越发激烈。而这个发明创造充分调研了现有技术的问题，将单人场景和多人场景进行识别，从而实现隐私模式的自动触发。具体发明内容如下：

- 车内人员检测系统包括设置于座椅下方的压力传感器以及设置于座椅顶部的红外传感器，用于检测车内非驾驶位的座位是否有人，并输出检测信号；
- 如果上述传感器判断出车内有驾驶员以外的人，则将车内信息播报系统设置为隐私保护模式，例如，副驾驶座位上有人，就将语音播放系统设置为隐私模式；
- 根据隐私模式的设置，处理相关的语音播放，例如，在隐私模式下，不播放微信语音。

这个发明创造简单来说就是：通过传感器检测到车内有其他人，从而让车辆播放系统快速进入隐私模式，只播放那些非隐私信息。同时，我们可以做一些相关的扩展。例如，在车辆的信息显示上，驾驶员的个人信息和社交账号都会保存在车机上，此时新消息虽然不播放，但是会在中控屏幕或者其他屏幕上显示，同样有隐私泄露的风险，所以，可以根据车内有没有其他人来做一些交互优化。

另外，前文提到的都是信息的输出方式，无论是语音播放，还是信息展示，但在信息输入时，可以利用车里是否有驾驶员以外的人这种判断逻辑，实现语音识别效率的提高。例如，根据人员和场景，调整语音的唤醒阈值，当车辆只有一个人时，可以减少语音唤醒词，用户不需要使用“你好，理想同学，打开车窗”，而是使用“理想，打开车窗”这种方式来完成语音交互。

专利申请号及名称：CN201610764588.7 一种驾驶员隐私保护系统。

18. 根据歌曲平均音量，调整播放声音大小

音乐播放的品质和软硬件的设定相关，用户可以通过更改音量实现更好的播放效果，但软硬件在输出音乐时设定的音乐的峰值音量、平均音量等音频参数均是恒定的。然而，不同的音乐在音量参数上存在较大差异，尤其是风格差异很大的前后两首歌，会在连续播放时产生较差的播放效果，例如，用户正在听一首抒情音乐，一般这类歌曲音量相对较小，此时用户自然就会调节音量，以保证音乐体验；这首音乐播放完成之后，切换到摇滚音乐时，就会轰隆作响。

因此，为了避免这种忽大忽小的体验，用户需要频繁调节音量大小，这既不安全，也不方便。这种体验，尤其是在用户使用耳机的时候，会造成更大的危害，甚至造成听力损伤。

现有技术中确实存在一些解决方案可以解决当前问题，例如一些产品会在上线前进行人工审核和调整，然而这种操作成本非常高，而且音量本身就具有一定的个性体验，所以这一调整未必符合用户预期。而这个发明创造，就是在播放前获得该音频的平均音量，避免播放时音量忽大忽小。具体发明内容如下：

- 获取音频文件的平均音量，例如获取下首歌《半兽人》的平均音量；
- 判断平均音量是否处于预设音量范围内，并且根据判断结果选择性地调节所述音频文件的输出音量，例如调节这首《半兽人》的音量至当前音量范围，其中所述预设音量范围取决于用户输入的目标输出音量。

这种音量忽大忽小的体验，在其他场景中，大家也可能有过，例如晚上在家里看电视，总有一些频道音量是低于其他频道的，所以我会调高音量进行观看，但是当我从这个频道切换到其他频道时，震耳欲聋的声音就铺天盖地地袭来。同时，当有两个可以播放声音的设备时，这个问题将会体现得更加明显。例如，使用计算机播放音乐，既可以用可调节音量的耳机，也可以用扬声器，此时从一个播放设备切换到另一个播放设备时，常常出现“炸耳朵”的现象，体验非常差。

这个发明创造解决的问题，其实已经广泛存在于我们之前的生活中。有些问题迟迟不解决，更多的是因为解决这些问题在之前的条件下的成本很高。而在当前的条件下，这些问题却很容易被解决，这是因为当前算力有冗余，同时用户体验成了产品竞争力。而这个发明创造就是一个鲜活的例子，它需要在很短时间内计算每首歌的平均音量，这是需要很强的算力支持的，而这些能力在之前的电视机设备上不存在。

专利授权公告号及名称：CN109996143B 音量调节方法、装置、系统及音频播放设备和车辆。

19. 调整导航和音乐信号主次幅度，实现连贯且和谐的混合播放

在车辆的行驶过程中，用户经常一边听音乐，一边听导航提示音。其中，大部分情况下，用户都是以听音乐为主，只有某些时刻会听导航提示音，以提示自己进行车辆拐弯或掉头等驾驶操作。因此，在音乐播放的过程中，经常出现需要

插播导航提示音的情况，导致用户无法连贯地欣赏音乐。

这种不连贯的体验，让用户无法沉浸式欣赏音乐，为了弥补这种混合状态的不足，目前常规的做法就是降低音乐播放的整体音量，并同时播放音乐和导航提示音。但在我们的实践中发现，同时播放音乐和导航提示音，很有可能让用户感到混乱，导致用户体验不好。而这个发明创造就是在现有技术的基础上，将两种不同的声音进行融合，从而实现连贯且和谐的混合播放，提升用户体验。具体发明内容如下：

- 当同时需要播放两种信号时，确定主信号和次信号，例如，需要同时播放导航提示音和音乐，导航提示音为主信号；
- 从主信号中提取出第一人声信号，从次信号中提取出第二人声信号，例如，将导航提示音作为第一人声信号，音乐为第二人声信号；
- 将两者进行幅度调整，让第一人声信号的幅度值大于第二人声信号的幅度值，例如，使导航提示音的幅度值大于音乐幅度值；
- 对调整后的第一人声信号和调整后的第二人声信号进行混音处理，并播放混音处理后获得的第一目标音频信号，例如，将两者的声音混合之后，通过扬声器输出给用户，此时用户就会优先听到导航提示音的播报。

这个发明创造通过提取信号中的人声并进行主次的混音处理，实现两个不同声音播放的无缝衔接，既保持了播放的连贯性，也让主次声音体现出来，避免用户的混乱。

当然，这里还是有很多优化空间的，尤其可以利用软硬件技术提升多人乘坐体验。我们可以根据场景分析，从用户视角出发，导航提示音的内容其实只要驾驶员知道就行了，乘客压根不需要知道。所以，可以通过软件控制扬声器形成声场，将相关的导航提示音只提供给驾驶员，而其他用户听到的还是音乐播放的声音；或者，通过在驾驶员附近设置头枕式扬声器，就可以实现只在驾驶员侧播放导航提示音，不干扰乘客。

专利申请号及名称：CN201910220677.9 一种车内多音频播放方法、车载音频系统及车辆。

20．谁说话，屏幕就朝向谁

随着新能源汽车的智能化发展，车载屏幕开始与车辆深度融合，让用户得以通过车载屏幕实现一系列车控和娱乐功能，例如，打开车窗、打开空调、调整座椅位置、观看视频、播放音乐等。这些功能往往都在车载屏幕上呈现和操作，但是操作用户的位置不同会对屏幕有不同朝向的需求，例如，坐在左侧的驾驶员希望屏幕能朝向左侧，避免反光，容易操作；同理，坐在右侧的副驾驶员则希望屏幕朝向右侧。为了提升屏幕的操作和显示效果，现有技术开始提供可以调节显示方向和角度的屏幕，用来满足不同位置用户的不同操作需求。

然而，当用户对屏幕位置进行调整的时候，通常需要手动调节，该调节方式在用户驾驶过程中容易产生安全问题。这个发明创造就是基于当前可旋转的屏幕技术，针对车载屏幕旋转的具体控制方式提出更智能化的解法，从而提升产品体验。具体发明内容如下：

- 在语音助手处于唤醒状态时，接收用户语音并识别结果，例如，副驾驶员说，“打开哔哩哔哩”；
- 根据所述用户语音，判断是否满足车载屏幕调节条件，例如，此时屏幕正朝向驾驶员；
- 若满足调节条件，根据语音识别结果控制车载屏幕转动，例如，屏幕从面向驾驶员调整为面向副驾驶员方向，并打开哔哩哔哩 App，方便其操作。

根据不同用户的语音，将屏幕调节到不同用户可以查看的方向，这提升了产品体验，主要体现在两方面：第一，如果不调节，大屏幕的漫反射角度会影响用户的视线；第二，旋转的屏幕可以有效增强用户的感受，这种被重视的感受是体验中非常重要的一部分。之前，我还看过类似的两个发明创造也在强化这种体验：一个是在语音交互时，机器人会识别声音来源，并面向声音来源方向进行对答；另一个是会根据不同用户的唤醒操作（车内不同座位的用户），调整导航中虚拟界面的角度，来响应唤醒的用户。

在反馈中让机器人更加动态和拟人化是汽车智能化的重点方向。

专利申请号及名称：CN202010963055.8 一种车辆的屏幕调节方法、装置、车辆和可读存储介质。

21．声音和谁相关，谁对应的扬声器就加强播放

在高端车型上，用户对高端智能座舱的需求越来越强，尤其是对更加舒适和愉悦的车内音响环境，有些用户甚至不惜花费很大成本打造一个音响设备和调教软件。但是，在正常行驶的情况下，车内会有很多不同类型的声音，如导航提示

音、音乐、免提通话声和车内警报声等，而且并非所有位置的乘客都需要接收所有声音。例如，导航提示音对驾驶员很重要，但会影响到其他乘客欣赏音乐；而乘客在享受音乐或者电影时的声音，也会影响到驾驶员。这就产生了一个问题：即使用户花费再多的成本去调整设备，也无法在频繁切换和被打扰的环境中，提升视听体验。毕竟，在好的歌剧院里，如果有打闹的小孩或者层出不穷的手机铃声，也是无法让人沉浸式体验的。

现有技术中，可采用哈曼音响独立声区等技术实现车内声音分区，让一部分用户只听与他相关的声音。其中，哈曼音响独立声区技术采用了创新性音响设计和互补式数字信号处理系统，能够优化扬声器的定向性能，并降低车内各区间的串扰。但是，现有的独立声区方案中，存在两个实现上的困难：一是，一般的方案是为每个座位配备独立的头枕式扬声器，但这会导致智能座舱的成本有所上升；二是，为了实现独立效果，需要对数字信号进行特殊处理，使之适应车内空间和扬声器，以调和其他区域的音乐、语音或杂音，这样做整体算法较为复杂，还需要按照车内环境和乘客位置进行专门的调试，适用性很差。

而这个发明创造就基于这种独立声区的现有技术，降低实现成本，从而让这种技术在现实产品中普及。具体发明内容如下：

- 每个声音播放前，都会判断和车辆用户的关联性，例如，确定目前播放的声音为导航信息（与驾驶员相关）；
- 每个扬声器都会有很强的指向性，并提前进行了标识，例如，车辆正前方扬声器、左前方扬声器指向驾驶员；
- 当前声音和某位乘客相关，则放大关联扬声器的音量，从而在目标乘客位置形成一个专属声音区域，例如，将正前方扬声器和左前方扬声器输出的导航提示音音量放大，此时驾驶员能够清晰听到，而其他乘客感知不明显。

总结一下，车辆的娱乐属性越来越强，导致密闭空间里的声音干扰加强，例如导航提示音、音乐、语音助手反馈声、电话声和娱乐屏幕。这个发明创造根据扬声器的定向播放的指向性（如果这个声音与当前用户相关，这个声音就会被加强播放）实现一人一声的效果。

专利授权公告号及名称：CN110234048B 车内声音分区控制装置和方法、控制器及介质。

22．乘客下车时启动氛围灯，避免“开门杀”

乘客在上下车的时候，如果不注意后方来车，贸然打开车门，很容易造成不必要的事故，这种事故也被叫作“开门杀”。我们经常可以看到类似的报道：驾驶员或者后排乘客，下车时没有注意后方来车就打开车门，导致后方电瓶车直接撞上车门，从而造成伤亡和纠纷。

面对这个普遍的问题，现有解决方案也是五花八门的，其中有 3 种方案比较典型：第一，限制部分车门的开启，尤其是出租车会限制驾驶员后方的车门（最容易出现“开门杀”的位置）从内打开，避免和后方来车相撞；第二，在下车前，驾驶员主动提醒乘客注意，或者在车门内侧提供一些文字预警；第三，利用传感器判断后方是否来车，从而在车辆仪表盘上或者用扬声器提醒乘客，预防事故发生。

这些方案都只具备单一方面的安全警示作用，实际的警示效果不佳，例如，车辆仪表盘上的警示灯，下车乘客和驾驶员都不容易看到，很难起作用。而这个发明创造就是在现有技术的基础上，提供主动安全辅助系统，能够更加有效地预防这类事故的发生。具体发明内容如下：

- 获取车辆的速度信息，并获取车门的状态信息；
- 使用雷达装置获取后方来车的速度信息以及车辆与后方来车的距离信息，例如，后方电瓶车正在以 5m/s 的速度靠近，距离不足 0.5m；
- 使用氛围灯控制装置结合速度信息、车门状态信息、距离信息、加速度信息和预设程序控制氛围灯的工作状态，例如，用户打开车门，后方有电瓶车以 $5m/s^2$ 的加速度靠近车身，该车门处氛围灯为红色，提示乘客注意下车安全。

这是一个非常有意义的发明创造，现在道路上有大量的电瓶车行驶，如果汽车的驾驶员和乘客的安全意识都相对较弱，会有安全隐患。通过距离和速度来判断危险物，并在反馈层面使用不同形式的氛围灯来预警，既体现了智能化，也兼具人文特征。同时，整体的设计和实现过程，并没有增加额外的传感器和显示设备，而是将原有硬件设备组合之后，通过算法关联产生新的人机交互。其中，距离传感器本来就应用在车上，而氛围灯本来是用于提升智能座舱的视听感受的。这种不增加设备，而是增加设备间联系的方式，也是组合发明强大的创意来源。

专利申请号及名称：CN201910084477.5 一种汽车氛围灯的控制系统及方法。

23．谁说话，语音助手就看着谁回话

目前，汽车的智能化程度越来越高，与用户的交互也日益人性化，车载终端一般都可以通过语音助手实现用户与终端之间的语音交互，即通过识别用户语音信息中的指令，来执行各类任务。现有的车载终端的交互界面中，为了便于人机交互，其界面会设置多种交互界面对象，例如拟人化的语音助手。但是，现有的交互界面对象显示形式单一，也不够生动，导致人机交互效果差。

这个发明创造对现有语音助手进行优化，通过识别声源来实现语音助手的定制化展现方式，从而提升产品体验。具体发明内容如下：

- 获取声源在语音交互中产生的语音信息，例如，通过车内多个麦克风，识别车内语音；
- 根据语音信息确定声源以及对应的位置方向，例如，通过对比各个麦克风的收声效果，推断出这是副驾驶员发起的语音交互；
- 按照位置方向在车载终端上显示交互界面对象，以便交互界面对象在声源的位置方向上呈现出交互的效果，例如，虚拟的语音助手，看向副驾驶员回话，如图 7.1 所示。

图 7.1 语音助手朝向说话者

在人机交互的反馈层面，机器使用更多通道和人建立联系，往往会更加有效。人的感知系统主要由视觉、听觉、味/嗅觉、触觉以及基础定位构成。如果我们使用单一的感官通道进行感知，往往人的能耗和产生的效果并不是线性关系，例如，我们越想在一个嘈杂的环境里，听清楚对方在说什么就越困难，那是因为我们听觉负荷已经达到上限；但是，如果在嘈杂的环境里，用视觉查看对方的手势和唇语，有助于理解对方的意图，缓解听觉压力。所以，多感官之间的联动是提升产品反馈质量的核心手段。

我之前写过一个发明创造：在多人虚拟通话时，通过设定各个通话人员的方向，从而提升视频/音频体验。你可以发现，在现实环境中开会，我们可以非常清楚地知道谁在说话，因为我们不只通过声音的音色和音质等信息来判断，还通过人耳的空间定位能力，判断声源是来自哪些方向的，从而为每个声源创造空间感，下一次这个声源发声的时候，就可以定位到人；而在虚拟环境中，虽然有多个人

参与，但是声源都是耳机，这就导致人耳失去空间定位能力，只剩下声音信息。而这个发明创造就是系统自动给不同的人配备不同的左右耳音量，从而构建虚拟的空间感，让用户可以多通道感知声源。

专利申请号及名称：CN201910446320.2 车载终端的界面显示方法、装置及车辆。

24．哪里有噪声，就主动去哪里降噪

车辆在行驶过程中，会产生各种各样的噪声，例如，发动机的噪声、风噪等。现有技术会做一些物理隔离以减少噪声，这取得了不错的效果。但是这些处理手段主要通过多层玻璃和隔音棉实现车外噪声的隔离，而对于车内噪声或者隔音上限之外的车外噪声，却束手无措。在这样的现实条件下，一些产品已经开始在车内实现有源降噪。有源降噪，又称主动降噪（Active Noise Cancellation，ANC），其工作原理是通过降噪系统产生与外界噪声相等的反相声波，从而将外界噪声中和，实现降噪的效果。这种技术广泛使用在降噪耳机领域，也是一个相对成熟的技术，目前有迁移到智能座舱的趋势。

但是，由于车辆环境和耳机环境不同，考虑到声波的反射和绕射等传播特性，当反相信号与噪声在某一区域叠加时，反相信号的相位可能已经发生了改变，从而无法在该区域抵消或衰减噪声。所以，车辆的有源降噪功能具有很强的区域性，它能使得车辆某一区域噪声减少，但同时也会增强其他区域的噪声。而当用户头部离开当前降噪区域时，其效果就会大大降低。

这个发明创造就是基于有源降噪技术，结合车内环境特征，主动寻找人耳所在区域，调节扬声器朝向，实现跟随式的区域降噪功能，从而提升产品体验的。具体发明内容如下：

- 识别位于车辆座椅上用户的人耳方位，例如，副驾驶座位上有乘客，人耳方位在前方；
- 控制噪声取样麦克风采集车内的第一噪声信号，例如，副驾驶员头枕处麦克风收集噪声；
- 控制扬声器转动直至朝向人耳方位，例如，控制车辆右前方和正前方扬声器，朝向副驾驶员人耳处；
- 根据第一噪声信号生成第一降噪信号，第一噪声信号与第一降噪信号的相

位相反，例如，识别副驾驶员处的噪声，并匹配反相信号；

- 控制扬声器播放所述第一降噪信号。

这个发明创造提供一种主动式服务，会识别人耳的位置，专门控制扬声器播放降噪信号，抵消用户听到的噪声，从而提升产品体验。这个实现原理，与之前提到的多个发明创造有异曲同工之妙，例如，声音与谁相关，谁对应的扬声器就会播放增强；谁唤起了语音机器人，机器人就看着谁回话等。这些发明创造虽然在具体问题上的表现方式并不相同，但是在创造性原理上都是相通的，即识别出交互对象之后，进行多通道化的反馈强化，让智能化为人服务。这也是数字化产品的重要能力，通过软硬件协作，实现一人一面、一人一声，乃至一人一感知。

专利申请号及名称：CN201810900592.0 一种应用于汽车的有源降噪方法及系统。

7.2.2 驾驶前

1. 和用户行为一致的迎宾模式

在传统燃油车时代，车辆的启动和关闭都依赖于车钥匙，为了提升体验，衍生出了相应的迎宾功能。一般情况下，用户将实体车钥匙插入钥匙孔，旋转至 ON 挡时，车辆点火并启动；用户将钥匙旋转至 OFF 挡时，车辆熄火并停止运行。此时，迎宾模式就会渗透在这个流程里，与点火开关绑定，也就是说，当检测到钥匙旋转至 ON 挡时，迎宾模式启动，电动座椅自动向前向上移动，以调整至方便驾驶员行车；当钥匙拧至 OFF 挡时，电动座椅自动向后向下移动，以方便驾驶员下车。

但是，随着无钥匙概念的兴起，尤其是手机钥匙的兴起和电动车辆启动逻辑的差异化，导致现在很多车辆没有点火动作，用户一上车，就可以即开即走。没有了燃油车点火动作，相应地，现有的迎宾功能的控制逻辑也不再适用。

新技术的兴起导致原有的人机交互系统出现问题，这个发明创造在吸收原有技术方案的基础上，转用新的交互方式。具体发明内容如下：

- 在监测到迎宾执行信息的情况下，执行与迎宾类型对应的车辆座椅调节操作，其中，所述迎宾类型包括上车迎宾类型和下车迎宾类型；

- 以下这些行为可以定义成用户上下车的信息，包括安全带状态切换信息、车门状态切换信息、车辆挡位切换信息和座椅感应状态切换信息中的至少一种。

燃油车时代的迎宾模式的启动，绑定的是车辆点火程序；而这个发明创造绑定的则是用户上下车辆的其他必要动作信息，包含安全带、车门、座椅是否有人等信息。两者的创新模式本质上是一致的。在用户操作车辆的必要行为里，选取一部分作为自变量（前者是车辆点火程序，后者是安全带插拔程序等），关联迎宾模式启动与否这一因变量，从而自动化迎宾功能，为用户提升产品体验。所有的人机交互创新，都需要依据新技术做出必要的适配和调整。

另外，这件专利让我想起多个相关专利和创新：车速达到 30km/h，车门自动上锁；车速超过 80km/h，提升车内音响的音量，从而抵消随着车速高而来的风噪。

专利申请号及名称：CN201910506845.0 车辆座椅调节方法、装置、车辆及计算机可读存储介质。

2. 车辆解锁后，灯光效果跟随人的移动而变化

打开车锁和车门的方式，在这几年发生了很多变化。早期车辆的解锁，都是通过用户使用实体钥匙，插入钥匙孔里打开实现的；后来出现了遥控钥匙，用户无须插入钥匙孔，只需要在几步之外按下解锁键，就可以解锁车辆，从而打开车门；到现在，出现了大量的“无钥匙进入”方式，用户只要携带具有蓝牙功能的钥匙或者手机钥匙，无须从兜里取出钥匙，靠近车辆就可以进行解锁，整体体验更加流畅，没有多余动作。

但是这种解锁方式的变化，从明确解锁动作，到完全无感交互，衍生出了反馈不够强烈的问题。例如，用户此时正在一边使用手机、一边走路，只是路过自己的车辆，却意外解锁车辆而不自知，这引发了安全隐患。同时，某些车辆对无线信号的接收较为灵敏，用户可以在距离车辆较远的地方成功解锁车辆。另外，由于距离较远，用户从解锁成功的位置走到车辆旁边的路上，可能存在各种分散其注意力的因素，导致他忘了曾经执行过解锁操作，因此他会再次按下解锁键，导致体验不佳。

这个发明创造是在新技术下，强化无感系统的反馈方式，让用户直观感知到车辆的解锁过程，具备更好的趣味性和实用性。具体发明内容如下：

- 在接收到针对车辆的解锁指令时，对车辆进行解锁；
- 在车辆进行解锁后，检测车辆外行人的移动信息；
- 控制车辆的外部灯具响应行人的移动，输出第一灯光效果，其中灯光效果会跟随人的移动方向而变化。

"无钥匙进入"等一些无感交互方式的应用，给用户带来很多便捷性，用户不用想，也不用找钥匙，直接走向车辆就能解锁。但是，任何事物都有两面性，这种无感方式，也可能让关键交互结果的确认效果模糊不清。而这个发明创造，重点强调了车辆在收到用户解锁请求之后的动态反馈，尤其是在用户靠近之后的灯光欢迎效果，会给人一种特别的仪式感。

同时，类似的实用性创新有特斯拉的车门会根据用户走向来确定车门的打开幅度。也就是说，如果用户是从车头走向车门，车辆会自动解锁并打开车门至15°左右，避免车门撞到用户；如果用户是从车尾走向车门，车辆会将车门打开到最大幅度，让用户不需要动手，就能一步上车。

专利申请号及名称：CN201910267518.4 一种车辆解锁时的人车交互方法、系统及车辆。

3. 通过历史行为数据，猜测我的目的地

目前，用户非常依赖导航软件，而现有导航必须由用户主动输入目的地地址，输入方式可以是语音输入或者界面打字输入等。在实践过程中，我们会发现用户的出行行为具有强烈的重复性，例如工作的时候，用户往往导航前往公司，而休息的时候，用户往往前往固定的商场。如果这样的固定线路，都需要让用户重复输入，那么导航操作起来会相对比较烦琐。同时，随着智能车辆技术的发展，出现了一些解决方案，例如根据用户车辆的行驶轨迹进行目的地预测。

现有技术也有对车辆目的地进行预测的，其具体操作往往是根据车辆行进中的轨迹，结合车辆行驶的历史数据，预测并获得车辆的目的地。但是这种预测方式，需要结合车辆行进中的轨迹来进行目的地预测，即必须在车辆出发一段时间后才能进行预测，无法做到在车辆出发时就预测目的地，及时性差。

这个发明创造着力于解决及时性差的问题。在用户启动车辆之后，发明创造

就能通过历史数据和预测模型，进行快速响应，提供可选目的地，减少用户的思考和输入。具体发明内容如下：

- 当检测到车辆启动时，获取当前时间以及车辆当前所在地点，并发送到云端服务器；
- 云端服务器采用训练好的车辆目的地预测模型，预测用户车辆出行的目的地后，将预测的目的地返回给对应车辆，其中模型采用 DBSCAN（Density-Based Spatial Clustering of Applications with Noise，基于密度的噪声应用空间聚类）算法对历史数据中的终点进行聚类。

这个发明创造，根据上车时间和地点的历史数据，结合预测算法，推送用户可能的目的地，可以减少用户的重复输入。同时，类似的创新，我最早是在苹果的地图上体验到的：我的手机一连接到车载蓝牙，苹果地图就会给我推送可能的目的地。这两者解决了相同的问题，但是在实现上存在差异性，苹果方案是将手机和车辆连接之后，再通过手机上记录的历史数据进行行为预测；而本发明创造是把车辆启动作为触发机制，同时由于车辆本身记录的地点数据相比手机会更加精准，其实现效果会更胜一筹。

专利申请号及名称：CN201711373811.6 一种基于用户行为的车辆目的地预测方法及系统。

4. 上次走过这条路，导航继续推荐这条路

在前往一些常见的目的地时，用户也会使用导航来确定路线，这一点尤其体现在早晚高峰路线上。因为不同地区情况迥异，基于算法提供的最佳路线，未必能够在特殊场景下使用，此时用户会更加倾向于使用之前走过的导航路线。同时，这一点在打车上下班的时候会更加明显，通过多年来回的经验，用户必然知晓一条最佳的路线。

此时，想要定制一条导航路线就非常困难。首先，用户需要手动输入目的地后，才能获得相应道路的交通信息；其次，如果这条线路不符合要求，用户就需要手动一点点选择自己常走的节点，让导航绘制路径；最后，用户还需要选择路径才能得到有用的交通信息。整体操作烦琐、复杂、效率低下、智能化程度低。

这个发明创造记录用户的历史导航路径，不需要额外操作，就能推荐上次走的路。具体发明内容如下：

- 当检测到车辆启动时，获取当前时间以及车辆当前所在地点；
- 根据当前时间以及车辆当前所在地点，预测用户出行的目的地；
- 根据车辆当前所在地点以及预测的目的地，在该车辆的历史常走路径集合中查找获得对应的常走路径作为用户的预测行驶轨迹；
- 获取预测行驶轨迹对应的实时交通信息并进行播放。

上一次的导航路线会成为用户再次选择的重要理由，而基于用户习惯可以提供更好的使用体验。即使是同样的出发地和目的地，但是出发时间不同，其实也会产生不同的路径选择，例如，早上好走的路，下班的时候不一定好走。

我曾经写过几乎一模一样的专利，可惜这件专利申请得比我的早，我的申请最终被驳回了。所以，专利三性中的新颖性非常重要，而获取新颖性最有效的方式，就是更早提交申请，越早越好。

专利授权公告号及名称：CN108074414B 一种基于用户行为的常走路径交通信息提醒方法及系统。

5. 常走路线出现拥堵情况，不用查询、不用设置，系统主动提示我

在日常驾驶过程中，如果目的地是陌生的地点，大部分用户会使用导航应用进行辅助；如果目的地是熟悉的地方（例如公司或者家），由于用户熟知到达这些目的地的常走路线，用户往往不会开启导航应用。但是导航除了引导用户到达目的地，还有一个非常重要的作用，就是报告该路线上的实时交通情况，辅助用户决策。

在一些相对异常的情况下，用户走常走路线，反而效率更低，例如，常走路线出现车祸，导致通行压力突增；或者道路被临时管控或者被封，导致路线不可用。当然，用户一般没有每次在常走路线上使用导航的习惯，这样做本身也非常耗时、耗力。

这个发明创造就是在用户常走路线上监测实时路况，并及时推送拥堵信息，从而在用户不用查询和设置的情况下，避免用户堵在路上。具体发明内容如下：

- 在当前时间以及车辆的当前位置满足常用出行条件时，获取与所述常用出行条件对应的常走路线（例如用户周五傍晚回家的路线），并查询所述常走路线的路况信息；
- 判断是否满足预设的消息生成条件，如果满足，则生成包含所述路况信息

的推送消息，例如，用户常走路线出现拥堵情况；

- 判断是否满足预设的推送条件，如果满足，则输出推送消息，其中，常用出行条件以及常走路线根据所述车辆的历史出行记录确定。

这个发明创造描述了一个很实用却很少有人发现的场景：我们通过熟悉的道路前往目的地时，一般不会导航，但是这条路线很可能出现拥堵情况，导致实际驾驶体验不好。尤其在用户去上班的路上，如果当天出现拥堵情况或者临时封路，用户却不知道，就会导致路上浪费过多时间，从而错过重要会议。值得注意的是，通过获取用户可能出现的路线，并搜索这个路线的交通实况，可以实现一旦出现拥堵情况，就提醒用户改变路线。整个交互过程，都不需要用户干预，却处处为用户考虑，做到了无感交互。

专利申请号及名称：CN201910461881.X 路况信息推送方法、系统及车辆。

6．不同特征人上车，配置对应驾驶设置

随着新能源汽车的普及，车辆的使用方式有了很多变化，例如，由于新能源汽车充电比较复杂且耗时较长，有些厂商会提供代客充电的服务；由于提供了多种钥匙方案，家庭不同成员使用车辆的频率提升；由于改变了车辆的保养逻辑，有些厂商会提供保养取送车服务，用户无须到场，就能完成保养。这些新颖的服务，让私人车辆有了一定公共属性，也就意味着会有很多临时用户使用车主的车。

但是，由于不同用户具有不同的身体特征、驾驶习惯等，他们都会对车辆进行一定的设置和调整，最常见的有不同身高的人对驾驶座椅的调节。后续车主取车时，就会发现车辆的原始设置（例如座椅、空调、后视镜等）被改动，需要重新调整设置。这就产生了非常不好的用户体验，让原本便捷的服务有了瑕疵。

这个发明创造的作用就是在多人驾驶的情况下，提升车辆识别不同特征的用户的能力，从而自动、快捷地配置驾驶设置，避免这些瑕疵。具体发明内容如下：

- 识别采集子系统，用于识别和采集车辆的驾驶人员以及乘坐人员的特征数据，例如，摄像头获取视觉特征，从而确定用户是谁；
- 存储子系统，用于存储和检索特征数据以及与特征数据相对应的车辆配置参数，例如，寻找该特征用户的车辆配置信息；

- 车辆设置调整子系统，用于根据识别采集子系统识别到的特征数据所对应的在存储子系统中存储的车辆设置参数，自动调整车辆的设置，例如，还原成车主的车辆配置，调整后视镜、座椅等。

这个发明创造通过特征来识别不同的用户，从而配置车辆的驾驶状态和乘坐体验。让东西归位，是一个朴素的体验要求，每个人都有使用一个产品的习惯，一旦被人调整，就会浑身不舒服，尤其是自己的东西。

除此之外，我还查阅到拥有这个发明创造的企业有另一个相似专利：充电代驾通过照片，将车停回原车位，方便用户使用。

专利授权公告号及名称：CN108189788B 车辆自动调整系统以及车辆自动调整方法。

7. 根据每个显示面板的环境光，确定各自亮度

目前，新能源汽车智能化的一个重要硬件特征，就是在车内使用多个显示面板，方便用户进行车辆控制和娱乐。但是，由于显示面板在车内容易受到不同角度光线照射，因此显示效果会变差，甚至会形成镜面反射。车辆一般提供显示面板的自主调节功能，可以避免这些问题。常用的调节方式是根据采集的环境光线强度，统一调节所有的显示面板亮度。这种统一的调节方式方便了用户操作，但是其也有不足之处：车内不同位置的环境亮度存在差异，不同位置的显示面板难以保证同时处于较合适的亮度区间，而统一调节亮度，可能无法给用户提供良好视觉体验。

这个发明创造在统一调节多个显示面板的基础上，检测单个显示面板周边的环境光，并对显示面板进行微调。具体发明内容如下：

- 确定多个显示面板中每个显示面板的显示亮度信息，例如调节到 8 级亮度；
- 查询每个显示面板周边的环境光，微调亮度，例如，主驾驶显示面板由于受到光照，为了达到预期的亮度，实际需要提高两级，达到 10 级亮度。

由于车辆车窗和天窗的存在，车内出现更多光线照射，这让车内的不同显示面板会有不同照射条件。通过统一调节显示面板亮度，再配合传感器感知周围光线，进行单个显示面板微调，可以既解决整体效率问题，也解决单个体验问题。

专利申请号及名称：CN201910384049.4 显示面板显示亮度的调控方法、装置及车辆。

8. 完成第一次人脸识别及车内设置

人脸识别技术正在不断发展，它已渗入各种应用领域的各种场景，例如手机解锁、快捷支付、小区门禁等场景。使用人脸解锁技术，可以在不接触、不携带其他设备的条件下，完成用户身份识别，赋予用户配套的系统权限和设置。目前，这种技术在车辆中使用很少，用户相对陌生。同时，在实践中发现，由于部分用户对人脸登录流程并不熟悉，这些用户在实际人脸登录时容易出现操作不当的问题，尤其在首次通过人脸登录时，这体现了人脸登录的不便性。

这个发明创造通过增强引导的通道和方式，协助用户完成人脸识别和对应账号下的车辆设置。具体发明内容如下：

- 在检测到人脸认证完成时，控制车辆进入默认模式；
- 输出人脸识别引导动画和/或人脸识别引导语音，对当前用户进行人脸识别，并获取与当前用户的人脸相关联的用户账号，例如，人脸信息匹配车辆账号信息，或者支付宝账号信息；
- 登录用户账号，打开登录成功页面和/或登录成功语音；
- 将车内设施的默认设置信息切换至用户账号对应的目标设置信息，并按照目标设置信息调整车内设施的设置。

通过动画和语音强化人脸识别过程，有效实现人脸和账号的对应，从而开启对应的车内设置。

整体的逻辑和手机人脸登录以及门锁人脸登录的逻辑非常相似。但是，在具体实现过程中有非常大的差异。其关键在于，人脸解锁之后，会调整车内的各种设置，以符合用户习惯，其中机器和人会有很强的互动关系。例如，座椅位置和方向位置，如果一个身高很高的人，在误解锁车辆之后，座椅直接调整到身高很矮的人对应的位置，非常容易挤到他的身体，这会产生安全隐患。而这些问题，在其他人脸解锁过程中并不会出现，例如，解锁手机并不会挤压到身体。

这些不同就是传统的技术、创意在被应用到新场景时需要适配的部分，而这些工作往往存在发明创造的空间。这也是为什么我们能看到人脸识别这么成熟的技术，在汽车上还有这么多的专利申请。这说明技术相同，场景不同，专利则不同。

专利申请号及名称：CN201910408094.9 一种人脸登录的引导方法、车载系统及车辆。

9．通过用户声音，实现车辆的个性化配置

在现有技术里，通过生物特征识别不同用户，从而进行车辆的个性化配置的技术，已经出现在多个场景。例如，通过摄像头来进行人脸识别，从而实现车辆个性化配置；通过传感器获取方向盘上或者点火按钮处的指纹，从而识别不同用户。但是，这些技术都依赖于新硬件设备的支持，因为在车内座舱中并不会默认配备这些额外的传感器，所以这些交互方式并不常见。

然而，为不同的驾乘人员根据其个人喜好和舒适程度对车辆进行个性化配置（例如调整座椅高度、后视镜角度以及座椅靠背角度等），已经成为一个常见需求，但是，更换驾乘人员时，新的驾乘人员需要重新手动配置，这样的操作烦琐且会降低用户体验。在这个过程中，其实还有一个常见的硬件和软件技术容易被忽视，就是通过车内的麦克风比对用户声纹。

这个发明创造是通过该项技术来识别和匹配用户账号，从而进行个性化配置的。这个发明创造在不增加硬件条件的情况下，通过现有硬件条件和优化后的软件技术，非常经济地提升产品体验。具体发明内容如下：

- 获取用户的语音信息并识别语音信息对应的用户声纹信息；
- 根据预设的多个声纹信息与多个用户 ID 的一一对应关系，获取用户声纹信息对应的用户 ID；
- 执行预先与用户声纹信息对应的用户 ID 关联的车辆配置操作，例如座椅调整、后视镜调整等。

这个发明创造最有意思的点在于：通过用户的声纹（声音）来识别用户，找到对应的用户 ID，从而实现座椅调整、后视镜调整等个性化配置。没有增加额外的硬件，同时由于车内驾乘人员较为固定，因此不需要非常精准的声纹识别方案，就能完成上述操作。值得我们注意的是，很多优秀的产品和人机交互专利，并不需要技术能力有多强。没有技术解决不了的需求，但是不能“大炮打蚊子”，需要考虑每个需求的实现成本。所以，更好的创新可能是更适合场景的技术方案，而未必是更先进的技术方案。

同时，我之前看过一个发明创造：通过座椅感知用户的大致体重，以此来匹配对应的用户账号，从而实现座椅角度、高度调整。这个发明创造也不精确，但是对大部分私家车来说，是非常有用的，毕竟常见的驾乘人员一般不会超过 3 个人。

专利授权公告号及名称：CN109273002B 车辆配置方法、系统、车机以及车辆。

10．用户靠近车辆，车内空调就提前打开

在炎热的夏天，如果车辆长时间在太阳底下暴晒，就会导致车内温度过高，此时，用户想要使用车辆，就必须打开空调进行降温。但是，空调制冷需要时间，尤其在温度很高的时候，就需要更长时间，此时用户就只能在车里或者车外干等着降温。这种体验非常糟糕，算是户外停车的一个通病。

所以，很多汽车就提供了远程启动空调的功能。用户只要在出发前，在家里通过手机钥匙遥控，就能打开空调制冷。但是这种方式非常理想化。因为远程启动最大的问题在于，需要用户提前设置和操作，而一旦用户忘了提前操作，已经走到车前了，这个功能就聊胜于无。这也是当代人机交互的通病：用户想不起、记不住要主动触发哪些功能。

这个发明创造着眼于远程启动空调的现有技术，通过对地理位置信息等的智能化手段，改善现有技术的使用体验。具体发明内容如下：

- 接收用户实时定位信号和车辆实时定位信号，例如手机信号位置和车辆停靠位置；
- 建立地理围栏（离车一定距离的地理孤岛，例如家坐标 5m 以内），车辆实时定位信号对应的定位点位于地理围栏之外；
- 检测用户是否退出地理围栏，当用户退出地理围栏时，发出控制指令以控制车辆的车载空调运行，例如，用户携带的手机进入车辆阈值范围就启动空调。

这个发明创造构建了用户（手机）和车辆的位置关系（地理围栏），在靠近车辆之后就启动车内空调，从而让功能主动触发。当然，这个发明创造想要在实际产品中使用，还需要很多算法优化，尤其需要避免用户只是偶然经过导致的误触发。

同时，我们可以看到由于新能源汽车使用大容量电池驱动，它在传感器和车内电气设备的使用上会更加主动，也有更多的容错空间。即使误触发率较高，也不会对电池容量有实质性影响。这一点和燃油车上的小容量电池形成了鲜明对比。有时，并不是燃油车不愿意做智能化，而是所有智能化的基础都是电能，而燃油车上电池永远是配角，这导致它在待机时对耗电的管控极其谨慎，从而阻碍了其数字化和智能化的发展。

专利申请号及名称：CN201810176074.9 车载空调的控制方法、系统、计算机

设备及车载空调系统。

11．用户刚运动完上车，空调自动避开用户，不吹脸

目前，车辆具有能够制冷和制热的空调，解决了人们的基本需求。现有技术对空调的启动方式和设置，常见有如下两种方式：第一种，根据用户之前设置的空调风量和风向，开启本轮制冷或者制热工作；第二种，接受用户远程设置，调整本轮的空调风量和风向，以满足用户的个性化需求。

然而，随着人们对车内环境舒适度以及车辆智能化要求的提高，车辆被要求具备为车内人员自动提供更为舒适及健康的用车环境的能力。例如，用户刚刚运动之后，进入车里，被过大的风量直吹，忽冷忽热之后身体特别容易出现不适。

这个发明创造切入运动后的用户用车场景，通过智能化手段避免车内空调带来的不适，进而提升车辆产品的舒适性。具体发明内容如下：

- 通过云端服务器、运动手环或者车辆自带的生物识别技术，获取用户健康数据；
- 处理用户健康数据以确定健康管理模式；
- 根据健康管理模式，确定车辆空调的控制模式，例如避免空调直吹用户，或者提升空调设置温度和减小风量；
- 根据车辆空调的控制模式控制车辆空调运行。

这是一个很容易被人遗忘的产品细节。对此我有一次亲身体会：我打完篮球回到车里，车内空调自动以预设的温度和朝向开启，让满身大汗的我，不禁打了一个喷嚏。而这个发明创造就是找到用户运动的数据，并在该场景下自动调节至健康管理模式，避免吹风感冒。

除了工作中，我们还可以在生活细节中寻找发明创造的空间。生活中让我们不开心的或者犯错误的细节，往往存在很多创新空间。

专利申请号及名称：CN202010889338.2 车辆空调的控制方法、车载终端和车辆。

12．扫一扫灯带，就知道车主号码

有时候，用户会将车辆临时停靠在一些场所。如果碰到一些紧急情况，可能需要挪动车辆，而为了方便联系，用户（车主）会将自己的手机号码，放置在挡

风玻璃后。但是，这种方式会导致隐私信息泄露。

所以，经过一段时间实践之后，衍生出了一些方案。常见的是，通过车辆的车牌联系到车主。这需要车主在车管系统登记手机号码等联系方式，车主若换了车管系统登记的手机号码则无法收到挪车通知，挪车的成功率不高，并且车管系统登记信息也容易泄露，隐私性不足，而直接在车辆上预留车主信息更可能造成车主信息泄露。此外，也有在车辆上添加一个二维码的方案，二维码里面预存了车主信息，这样其他用户就可以通过扫码获取信息。但是这种方式，目前普及度不高，而且需要车主额外加装，也有一定的不便性。

如何在保护车主信息的情况下使得车主能够收到挪车请求，成了亟待解决的问题。这个发明创造利用贯穿式车灯的显示特点，将车辆信息通过条形码方式进行转换，从而实现车主和其他用户的沟通需求。具体发明内容如下：

- 获取车辆信息并将所述车辆信息转化为条形码信息；
- 根据条形码信息和灯效字典控制车灯，显示对应的灯效图像，以便智能终端通过解码所述灯效识别所述车辆身份，例如，在贯穿式前大灯上，显示条形码信息，用户用手机扫码就可以识别出预留的手机号码。

这个发明创造的创新性非常强，我第一次看的时候确实有些震撼，甚至觉得它有一些不靠谱。但是，我细想之后不由得感叹它确实很有意思。我们先从实用性方面来看，贯穿式头灯或者尾灯，都是具备条形码的显示条件的，在硬件条件上，并不需要额外增加成本；而把车辆的识别码通过条形码的方式，映射到车辆前后方的灯带上，其他用户只需要通过手机扫码，就能查看当前车辆信息。这一系列操作，更多依靠的是软件编程和用户习惯的养成，相对原有产品的附加服务，成本微增、功能变强。这也是具有互联网基因的企业最愿意做的体验改进。

专利申请号及名称：CN202011284571.4 车辆身份识别方法、车辆、智能终端及存储介质。

7.2.3　驾驶后

1．充电枪靠近，自动打开充电口

新能源汽车充电往往需要多个动作才能完成，比较耗时、耗力，其中一个比

较烦琐的步骤就是打开车辆的充电盖。目前的车辆一般配备两个电动充电盖，用户需要根据充电设施的具体情况手动开关相应的充电盖，或者在中控屏幕上设置开启相应的充电盖，才能进行充电，操作步骤烦琐，不利于自动化需求以及未来的例如自动泊车充电等应用的发展。

这个发明创造是在充电枪之上安装无线装置，在靠近充电盖之后，自动打开充电盖，提升用户的操作效率。具体发明内容如下：

- 充电枪以第一无线电频率发送充电请求信号；
- 响应于检测到充电请求信号，利用第二天线以第二无线电频率发送扫描信号以扫描充电枪；
- 基于对充电枪的扫描结果，控制车辆的充电盖自动开启。

充电枪靠近充电口，车辆识别充电枪的无线电频率，并扫描充电枪位置，确认是充电行为，就自动打开充电口；反之，充电枪远离充电口，车辆感应到充电枪离开有一定距离之后，就关闭充电口。这个类似的实现效果，最早应用在特斯拉的充电上，目前很多厂商也有应用。

我发现，燃油车很少在油箱盖上做类似的工作，而往往会使用最简单的机械装置。最主要的原因在于，在加油过程中如果受到电磁辐射或者静电等因素，会导致汽油意外燃烧，造成事故。所以，在不同技术条件下，迁移不同的创新方案时，需要针对当前技术做到足够的优化，避免画蛇添足。

专利申请号及名称：CN201910483511.6 控制自动开关车辆的充电盖的方法、装置及系统。

2. 根据车主停车的历史行为，判断固定车位

新能源汽车充电是一个非常耗时、耗力的活动，针对电动汽车的各类特色服务需求在不断增加。其中，有一种类型叫作“代客加电”，这是一种新的加电模式，配合无钥匙授权开车方案，车主无须在现场，就能让他人取车充电，并在结束后将车辆归还到原车位，能够极大地提升用户的加电体验。

但是，这种模式有一个难点，就是代驾如何将车辆归还到原车位。此时，如果原车位是固定车位，则可以直接将车停到原车位；如果原车位是非固定车位，则需要事先协调其他资源，以保证可以将车停到原车位。如果在“代客加电”之前能够智能地判断出电动汽车停放的原车位是固定车位还是非固定车位，就可以

提前做出相应的协调，进而提高运营效率。

这个发明创造通过改进代客加电的现有技术和服务，提升产品体验。具体发明内容如下：

- 获取车辆停车时的位置坐标，根据车辆停车时的位置坐标，划分停车区域；
- 获取停车区域在一个周期内车辆的停车次数和每次停车的时间；
- 设置不同停车时间段的权重，根据不同停车时间段的权重，计算停车区域在一个周期内的车辆停车次数的加权值；
- 将加权值与预先设定的阈值进行比较，当加权值大于阈值时，将停车区域判定为车辆的固定车位。

现在有很多为新能源车辆提供的代驾服务，例如，代驾去保养，代驾去维修。完成服务后的交车方式，就成为一个问题：代驾师傅应该把车停在哪个位置呢？这就需要车主操作，或者和代驾师傅反复沟通。而这个发明创造，其实不只是解决“代客加电”带回车位的问题，也一并解决相同的应用场景中的问题。

在创新思维上，主要就是通过分析用户停车的历史行为数据，得出用户固定车位，然后为其他人提供导航。

专利申请号及名称：CN201610633664.0 固定车位识别方法。

3. 车里温度高于 40℃，汽车主动开空调降温

当车辆在太阳下暴晒时，车内会像蒸笼一样闷热，从而引发多个现实情况：第一，据报道，仅在美国一年就有约 30 人命丧车中，而且死者中孩子居多；第二，在高温暴晒环境之下，一些高温敏感物品，例如具有酒精成分的香水放置在车内同样会受到不同程度损害，甚至会引起火灾；第三，在高温暴晒环境下，车内温度很高，而用户（驾驶员）有用车需求时，需要花费十几分钟进行降温，非常不方便也影响舒适度。

现有技术提供了通过手机或车钥匙开启车载空调的方案，以实现提前调节车内温度。然而，这种方案需要用户主动开启车载空调，无法结合车辆实际情况自动控制车内温度，尤其是在前两种情况下，用户没有明确的用车意图时。

这个发明创造提供了一种基于车内温度的空调启动机制，结合实际场景，无须用户主动操作。具体发明内容如下：

- 检测电池荷电状态（State Of Charge，SOC）是否超过阈值，能否保证车

辆的正常启动；

- 如果超过阈值，同时检测车内温度是否高于预设温度，例如，40℃；
- 当车内温度高于等于第一预设温度时，启动车载空调，例如，车内温度超过 40℃就开启空调制冷，低于就暂停空调。

打开空调或者通过手机等方式打开空调，其实并不稀奇。但是这个发明创造提供了基于实际温度的主动式服务，去主动触发空调开启功能，就是一种非常先进和友好的体验。同时，在用户用车前主动启动空调的创新也很多，前文中已经有多处提及，这是一个非常有价值的场景，也产生了诸多解决方案。

专利申请号及名称：CN201810479244.0 车载空调的控制方法及系统。

4. 看到鬼鬼祟祟的人影，就打开车辆监控

随着科技的不断发展，以及各种偷盗工具不断地“升级”，近年来车辆的失窃率不断攀升。所以，车辆的防盗功能也成了用户的重要关注点之一。其中，防盗功能的关键之一在于对环境异常的检测。现有技术中一种常用的环境异常检测的方法是，利用一直开启的摄像头拍摄图片，然后对图片进行分析，判断环境中是否存在异常。然而摄像头一直开启拍摄的图片数量较多，会占用存储卡较大的内存，且会消耗许多设备电量，造成资源的浪费。

同时，也存在一些基于碰撞感知的哨兵模式，就是车辆在静止状态下，受到撞击之后，就会打开摄像头拍摄周围环境，从而确定车辆周边的异常，但这种技术只能起到事故后确认的作用，甚至有时启动较晚，肇事者可能已经离开或者无法拍摄到好的角度，至于事前预判和警示，就更加无法做到。

这个发明创造是基于光感信息和摄像头的联合作用，提升对周边环境的感知能力，保障车辆的安全监控，甚至可以发出相关的警告信息。具体发明内容如下：

- 获取图像采集设备采集光感信息，例如，车旁边有人影闪过会产生光感信息；
- 依据光感信息，监测车辆所处的环境是否异常，例如，人影离车很近，就打开摄像头拍摄。

停车的时候，如果摄像头一直实时拍摄周围环境，不仅能耗很大，而且大量照片很占内存。这个发明创造使用光线传感器对周围环境进行监控，如果有异常情况，就打开摄像头进行拍摄或者触发某些报警措施。整体的设计逻辑，就是提

升事前的预防能力，在创新逻辑上，通过车辆已有的传感器感知外部环境，从而主动推送摄像头拍照的能力，无须用户介入，完全主动式服务，这也是人机交互创新中一种常见的函数关系。

专利申请号及名称：CN201911215477.0 一种监测方法、装置和车辆。

5. 车辆发生碰撞，自动对视频数据进行标注

目前，随着车辆的日益发展和普及，记录并查询行车记录数据（例如行车记录视频）以便查看和分析事故发生情况变得越来越重要，尤其是在发生有争议性的事故时。

在现有的技术方案中，当车辆行驶时，至少有一个车载视频装置实时地捕捉行车期间的视频数据（其显示车辆的当前行驶状态及当前行驶环境），实时地或周期性地按预定的顺序存储视频数据，并将其上传至相关的远程数据库。然而，上述现有的技术方案存在如下问题：由于以周期性的方式存储或上传视频数据，因此在发生事故时存在与事故相关的视频数据没有被及时存储或上传的隐患。

所以，这个发明创造提出一种改善周期性上传视频的技术方案，在车辆发生事故时，对视频内容进行处理，从而保障重要内容不被错过。具体发明内容如下：

- 实时地检测来自至少一个车载加速度传感器的信号并判断是否发生碰撞，以及在确定发生碰撞的情况下记录车辆当前加速度的大小及其方向；
- 根据所记录的所述加速度的大小和方向确定至少两个车载视频装置的处置优先级；
- 基于所确定的处置优先级按顺序依次记录和/或上传各个车载视频装置所采集的视频数据。

在车辆出现碰撞之后（加速度突然变化），车辆就会对此时的车辆视频数据进行标注，特殊化处理当前的视频内容，包括调整上传和保存优先级，避免意外删除，方便用户提取和取证。

这让我想起了之前有一个基于加速度的启动哨兵模式的专利，也是使用类似的原理：车辆从静止到发生移动时（非启动状态以及非拖车状态下），自动打开摄像头进行周边环境拍摄，确定是否有事故存在。这两者的实现原理非常类似，都应用到了加速度传感器，但是实现了不同目的并达成积极结果，所以这是两个不同的专利。

专利授权公告号及名称：CN108806019B 基于加速度传感器的行车记录数据处理方法及装置。

6. 再小的剐蹭，车辆也能感知到

当行驶在比较拥挤的道路上或者比较狭窄的街道上时，车辆很容易被其他车辆或者障碍物剐蹭，导致车辆漆面出现损伤。而在环境比较嘈杂或者路况比较复杂的情况下，用户（驾驶员）很难察觉车辆出现剐蹭。虽然现有技术可以通过压力传感器检测车辆的碰撞受损信息，但是压力传感器一般安装在带有中心孔的弹性对接结构中，需要承受到比较大的压力才能检测到碰撞受损信息。所以，当车辆发生轻微碰撞或剐蹭时，现有技术检测碰撞受损信息的效果比较差。

这个发明创造就是在解决细微剐蹭状态下，使车辆提升感知能力，从而避免车主损失的技术。具体发明内容如下：

- 在车辆的车身表面上设至少两个传感区域，车辆设有车身受损检测电路，车身受损检测电路包括控制单元以及设置于每一传感区域内的传感元件；
- 检测传感元件的电流值；根据电流值的大小，确定是否存在至少一个目标传感元件与控制单元断开连接；
- 若存在至少一个目标传感元件，能够获取各目标传感元件对应设置的目标位置信息，则根据目标位置信息确定车辆的受损信息。

通过压力传感器，只能感知到特定位置和力度的碰撞，从而感知车辆受到的较大撞击；而通过加速度传感器，一般只可以感知车辆在静止状态下，被其他物体碰撞的状态。这两种解决方案，都存在一定的应用局限性。而面对行车中的轻微剐蹭现象，这个发明创造提出了一种基于传感区域电流的感知方案，以提升车辆的感知能力，填补市场空白。

从《专利法》的角度出发，其实非常鼓励企业申请更加实际、更加贴近应用场景的专利，而不是具有宽泛的保护范围的专利，甚至保护范围越小越好。这对发明人和专利代理人的申请水平，也是很大的考验。为避免申请内容过于宽泛，也避免申请内容与发明创造南辕北辙，最好从实际问题或者细节问题出发，找到解法并适度抽象。

专利申请号及名称：CN201711365228.0 一种车身检测方法、车辆。

7.2.4 驾驶中

1. 根据用户注视点，自动打开转向灯

根据交通规则，在车辆变道或者转弯时，需要提前打开转向灯，从而对行人和后方车辆进行提醒。但在实际行驶过程中，经常有用户忘了打开转向灯，从而造成交通事故。针对这种现象，现有技术中提出了一种自动转向灯控制技术，具体实现原理为：将车身姿态与车道线的几何位置作为输入，当车身姿态越过车道线时，车辆控制相应侧的转向灯开启，以此达到警示作用。

然而，这种现有技术具有很强的滞后性，只能在车辆已经发生明显变道行为时，才能控制对应侧的转向灯开启，无法有效降低交通事故发生的概率。这个发明创造用于解决现有技术具有滞后性的问题，通过人脸图像分析用户的注视点，自动帮助用户打开转向灯。具体发明内容如下：

- 在车辆启动的情况下，对驾驶区域进行图像采集，获取驾驶员的人脸图像；
- 根据驾驶员的人脸图像，确定所述驾驶员的头部横摆角度和驾驶员的视线方向；
- 基于驾驶员的头部横摆角度和视线方向，确定驾驶员的注视点，例如，驾驶员注视点朝向左侧；
- 根据驾驶员的注视点，对所述车辆进行转向控制，例如，打开左转向灯。

这个发明创造提供了一种非常自然的人机交互方式，通过传感器判断头部姿势，精确判断出用户的行为，无须用户操作，就能自动帮你打开转向灯。这在逻辑上是非常自洽的。不过，在实际工程化中，需要不断学习用户人脸图像，避免系统误操作，以及和车辆功能进行互动，避免智能系统变成“智障”系统。

虽然专利三性中要求有实用性，但这和实际应用到产品中的实用效果，还是有非常明显的差别的。专利中的实用性要求这个创意已经或者未来可以在产品中应用，所以在当下做授权判断时，会更加考虑这件专利在逻辑上是否自洽和可行。

专利申请号及名称：CN201910852713.3 一种车辆控制方法、装置及车辆。

2. 根据历史轨迹，泊入自家车位

目前，很多汽车提供了自动泊入车位的能力，其核心工作原理是：先对自动驾驶车辆周围的车位进行检测，只有检测到可停入的车位时，才能实现自动泊车。然而，基于用户通勤习惯，泊入常用车位（通常是自家车位或者单位的固定车位）的概率是非常高的。此时，自动泊车功能就会变得相对鸡肋。用户停在自家车位，也需要每次将车辆驾驶到该常用车位附近并调整位置，便于系统进行实地、实时检测，进而才能将自动驾驶汽车泊入该常用车位。对于一个非常熟悉的位置，系统还是需要耗费大量时间和用户的精力，这显然不够智能。

这个发明创造在自动泊车的基础上，面对常用车位时，学习历史泊车轨迹，提升泊车效率。具体发明内容如下：

- 当检测到车辆处于常用泊车区域时，调用预存储的常用泊车区域的环境地图；
- 获取车辆在环境地图中的当前位置以及泊车轨迹；
- 根据当前位置和泊车轨迹，将车辆泊入常用车位。

这个发明创造在自动泊车算法和感知能力没有大幅度提升的条件下，对特定场景通过历史轨迹进行优化，提升车辆响应速度。整体的逻辑，就是补充和优化了自动泊车中的一个常用场景，并用相对低廉的成本进行完善，不失为一种实用性很高的创新。所以，我对实用性和创造性有了新的理解，最好、最先进的技术可能创造性比较高，但其实用性未必很高，很容易出现“杀鸡焉用牛刀”的创新窘境。

此外，利用历史数据，本来就是数字化的强点，将所有过去的业务数据化，才有可能将现有的数据业务化。

专利申请号及名称：CN201811389134.1 自动泊车方法及系统。

3. 根据当前坡度、可见度等因素，自动调整跟车时距

作为 L2 级别高级辅助驾驶系统中的常见功能，智能车辆会提供跟车功能，其实现效果，就是在一定速度下和前方车辆保持距离，当前方车辆减速时，为保证安全距离，智能车辆也会跟随它一起减速；当前方车辆开始加速时，只要不超过设定的最大速度，也会跟随一起加速。

然而，在实践过程中，使用跟随功能的车辆，还会发生追尾事故。其中的核心，就在于车辆行驶过程中会遇到一些突发状态。例如，以相对高的速度进行跟车时，前方突然出现堵车或者事故，导致前方车辆紧急刹停，现有的安全车距不足；在雨雾天气中或者在下坡等路线上行驶时，同样车距的实际刹车距离增加，导致现有的安全车距不足。

这个发明创造在跟随车辆的现有技术方案之上，优化了特殊环境、路况和气象条件下的车辆运行逻辑，保证跟车安全。具体发明内容如下：

- 确定跟随车辆跟随领航车辆行驶的跟车时距，例如，用户设置最大时速为 100km/h，车辆和前方应保证至少 50m 的车距，保证足够时间刹停；
- 控制跟随车辆以跟车时距跟随领航车辆行驶，其中跟车时距的大小取决于当前道路环境信息、路况信息、气象信息等因素，例如，前方道路开始下坡或者前方发生事故，车辆提前减速，并将和前方车辆的跟车时距增加至 60m。

根据当前道路、坡度、可见度等环境因素，堵车、事故等路况信息，以及雨天路滑等气象信息，从而动态调整和前方车辆的跟车时距。这是对现有固定跟车时距的一个很好的补充，也优化了特殊场景下的操作，从而有效降低了事故率。

专利申请号及名称：CN201910275899.0 一种车辆自动跟随控制方法及系统。

4．通过扭矩，判断人手是否握住方向盘

在完全自动驾驶来临之前，现在主流车辆上使用的都是 L2 级别辅助驾驶系统。这个系统利用安装在车上的各式各样的传感器，在汽车行驶过程中随时感应周围的环境、收集数据，进行静态物体和动态物体的辨识、侦测与追踪，并结合导航仪地图数据，进行系统的运算与分析，从而预先让驾驶者察觉到可能发生的危险，有效增加汽车驾驶的舒适性和安全性。常见辅助类型有车道保持、定速跟车、碰撞预警、自动变道等，它们可以辅助用户完成一些驾驶决策。

在这类辅助驾驶行为中，用户是主角，而辅助驾驶是配角。所以，目前车辆厂商都要求用户（驾驶员）在驾驶时，必须把手放在方向盘上，以便随时接管车辆控制。常见的是基于方向盘压力传感器检测或者驾驶室摄像头识别的方法来进行驾驶员放手检测。但是，这两种方式检测稳定性差，检测效果不佳，例如，方向盘上的压力传感器只能安装在固定部位，如果用户没有握住该部位，就会误识

别。同时，这两种方式的成本也很高，所以，如何准确进行驾驶员放手检测，提高自动驾驶的安全性成为亟待解决的问题。

这个发明创造采用了一种全新的检测逻辑，在不增加额外成本的条件下，优化方向盘自有的扭矩感知系统，来判断用户是否握住方向盘。具体发明内容如下：

- 实时采集时间窗口中的方向盘扭矩信息；
- 将所采集的方向盘扭矩信息输入方向盘状态概率分类器中，得到方向盘状态概率，例如，在用户手握住方向盘时，给出一个不稳定的扭矩，或大或小；
- 将方向盘状态概率与判断阈值进行比较，从而判断方向盘状态，所述方向盘状态包括驾驶员放手状态和驾驶员握手状态。

这个发明创造对这个社会问题的解法很有意思，利用手放在方向盘上时，自然会产生一定的扭矩这一特性（只要手在方向盘上，就会产生轻微左倾或者右倾的扭矩），来判断人有没有接管车辆控制的能力。同时，由于人手握住方向盘带来的不精确性，通过分析扭矩的数据，也可以避免一些人通过购买方向盘夹子来骗过车辆系统的现象。

专利授权公告号及名称：CN109927731B 驾驶员放手检测方法、装置、控制器及存储介质。

5. 通过前车距离和速度，确定自己的加速度

通过自适应巡航功能，实现车辆的跟随功能，车辆会以一定的速度上限和前车保持足够的安全距离。这种跟车模式在高速或者快速路上，会非常实用和高效，但是在城市内驾驶的时候，体验就不太完善，主要原因在于，由于城市内路况复杂，尤其在碰到堵车或者红绿灯的时候，前车特别容易急停急走，往往此时车辆来不及启动，导致被其他车辆加塞。而一般跟车模式，都是以固定加速度来完成加速的。

同样地，如果巡航的加速度过快，一方面会导致安全隐患，另一方面也会让车内的用户感觉不适宜。在这些原因的综合作用下，现有的自适应巡航技术的使用场景受限。

这个发明创造是在现有巡航技术的基础上，通过前车速度和距离，动态调整车辆加速度，从而增加该技术的实际应用场景。具体发明内容如下：

- 基于前车与本车的相对距离和相对速度，监测前车的加速度；
- 基于前车的加速度和本车与前车的目标车距，计算本车的预期加速度；
- 基于本车的预期加速度，调整本车的速度以使得本车与前车保持目标车距。

基于前车距离和速度，来确定自己的加速度，是一个非常自然的发明创造。这是我们看到很多具有互联网思维的新能源汽车厂商的特长，即善于利用软件技术的动态化调整能力，将更多自变量输入系统里，构建一个输出的因变量，从而提升数字化和智能化水平。

同时，如果能通过图像分析或者道路信息，提前预知前车的驾驶行为，就会更加智能，例如，前方地图显示堵车，前车有急刹可能性，就提前加大车距，降低车速。

专利申请号及名称：CN201811033215.8 一种用于控制车辆自适应巡航车距的方法及车用跟随行驶控制装置。

6. 计算角速率，在地下车库中也能看导航

车辆导航是需要依据 GPS 或者北斗进行定位的，也就是通过车辆和卫星的信号连接获取实时位置，从而使用导航等其他功能。这一点在露天场景中，车辆可以比较方便和精准地实现，但是当车辆进入相对封闭的场景中时，例如地下车库或者信号较弱的山洞，连接信号就会减弱，从而导致定位不准，以及车辆导航系统出现问题。在比较陌生的环境，尤其是陌生商场的地下车库中，没有导航容易给用户带来不便，甚至会导致用户无法驱动车辆驶离当前的场所或到达相应的目的地。

这个发明创造就是在弱信号连接的极端条件下，通过预存离线地图以及实时计算车辆的角速率变化，从而实现导航的离线使用。具体发明内容如下：

- 预先在车载系统中存储车库的地图数据，包括所述车库的车道方向、车道角度以及车道位置坐标；
- 当车辆在车库中的导航信号中断后，则基于所获取的车辆的角速率，推算所述车辆的推算航向角，基于车辆的车速信息，推算车辆的推算位置坐标；
- 将推算位置坐标与车道位置坐标进行匹配，得到车辆在车库中行驶的目标

位置坐标，将推算航向角与车道方向进行匹配，得到车辆在车库中行驶的目标方向，根据目标位置坐标与目标方向，对车辆进行导航。

在通用的场景下，寻找一些极端条件，尤其是极大值、极小值，是在业务中产生创新的源泉。即使是在稀松平常的日常工作中，也能发现很多创新和专利。例如，我之前做过一个 B 端的传统业务，在其中我发现十几年的旧系统改造，也存在创新空间。这个费率的旧系统，需要再设定无穷大组件，即一个支持具体数值输入和无穷大的数值输入框。就是这个极端条件，给了我设计组件和撰写专利的启发。在完成本职工作的同时，我还把其中的创新撰写成专利。所以，我一直认为这种专利撰写是最高效、最有价值的工作。

专利申请号及名称：CN201910829319.8 导航方法、导航显示方法、装置、车辆及机器可读介质。

7．基于车速，匹配不同的辅助驾驶策略

使用高级驾驶辅助系统（Advanced Driver Assistance System，ADAS，在这个发明创造中简称“辅助驾驶系统”），可以减少用户操作，让用户更加方便和安全地驾驶车辆。

同时，随着辅助驾驶的发展，系统会在不同场景下提供不同类型的辅助风格。但是这些功能，需要用户（驾驶员）主动操作按键，其操作步骤较为烦琐，通常需要多个按键操作才能使用相应功能。

这个发明创造基于车辆速度自动、无感地调整辅助驾驶策略，无须用户操作，就能提升该功能的使用体验。具体发明内容如下：

- 将车辆当前行驶速度与预设速度比较，以确定是进入第一场景匹配还是进入第二场景匹配；
- 在车辆当前行驶速度大于预设速度的情况下，进入第一场景匹配，在车辆当前行驶速度小于第二预设速度的情况下，进入第二场景匹配。

这个发明创造的核心，就是通过车辆的不同速度，来切换不同的自动驾驶模式。速度不同，就会切换至不同的自动驾驶模式，例如，第一场景为高速场景，第二场景为低速场景。在车辆当前行驶速度低于 30km/h 时，确定进入低速场景匹配，避免加塞；在车辆当前行驶速度高于 80km/h 时，确定车辆进入高速场景匹配，保持安全车距。不同场景对车辆辅助驾驶的诉求不同。例如，低速情况下，很容易

对应各种市内堵车的场景，需要车辆跟车很近，避免加塞；启停比较线性，避免用户晕车。而高速情况下，需要保持足够的刹车距离，同时对前车行为有更多的预判。

通过这个案例，我们也可以对发明专利的重要定义进行再一次的强化认识：发明专利，是对“产品”“方法”“其改进”所提出的新的技术方案。除了对完整的“产品”和“方法”提出方案，也可以对“产品的改进”和“方法的改进”提出方案。其中，产品和方法的使用体验的改进，是发明专利的重仓区。

专利申请号及名称：CN201711346255.3 自适应匹配辅助驾驶系统的方法及其实现模块。

8. 驾驶行为异常，标识数据

通过 ADAS 技术，不仅可以辅助用户驾驶，也可以收集很多的行车数据，用于优化 ADAS 的计算模型，从而用于在未来优化产品体验。但是，ADAS 所记录的行车数据量较大，每天大概 10GB。为了节约费用（4G 网络费用较贵），一般是通过办公区的宽带网络将 ADAS 的行车数据上传至服务器的，以便于后期的软件工程师对试验的 ADAS 的行车数据进行数据分析和问题分析，从而增强辅助驾驶的可靠性。

这个发明创造就是优化 ADAS 产生的大量数据，通过异常情况标识数据，提高软件工程师的分析效率。具体发明内容如下：

- 监控车辆 ADAS 实时行驶数据；
- 判断所述行驶数据是否超出预设安全阈值，其中安全阈值包括猛打方向盘、猛踩刹车、车辆自动制动等；
- 若超出预设安全阈值，采集车辆当前的行驶数据，包括雷达数据、视频数据、刹车数据、转弯数据、加速减速数据、挡位数据、倾斜数据、胎压数据中的至少一种。

这个发明创造的意义，简单来说就是辅助驾驶采集的数据数量巨大，上传和分析都需要耗时、耗力，所以需要精益化收集对研究有帮助的数据，从而缩短这个周期。而这件专利选择出现异常数据时作为记录和上传的时机。同时，如果从选择发明创造的角度出发，其实我们可以选择更小范围进行创新，例如，如何启动和长时间保存交通事故现场的视频和语音数据。这是 ADAS 的一个应用子集场景，即使已经有公司申请了这件专利，也可以通过选择缩小发明创造的应用范围，并做出特定场景的适配，获得专利授权。

此外，基于特殊类型的元数据，实现相关的角度，这种方式也非常常见。我写过这样一个发明专利，在语音播放的时候，如果碰到敏感词汇，可以选择更换播放策略，例如，将250元读成二五零元。这也是一种特殊类型元数据下的创新。所以，不只是用户使用的极值场景，数据的极值场景也是可以用作创新的。

专利申请号及名称：CN201911110508.6 车辆ADAS行驶数据的采集方法、装置、人机交互装置及车辆。

9. 识别导航中的连续弯道，提前显示剩余转弯信息

前往目的地时，使用导航进行指引，已经是用户常见的导航使用方式。为了保障用户将更多精力放在路面上，减小用户的注意力在导航和路面之间切换的频率，一般导航软件都会优化重要信息的展示、减少用户的识别时间和驾驶过程中对中控屏幕的操作，有助于用户从容驾驶，保障用户安全。例如，只在用户碰到转弯或者变道的时候，才提供相关路口的详细信息；用户直行的时候，减少周边次要信息的显示和播报。

这种简化的方式，在大部分情况下都是适用的，但是在连续路口的时候，信息的显示就会迟缓并存在不足。例如，提供的转弯信息，只展示了用户与要转弯路口相距的距离，而用户（驾驶者）对此距离数值感知不足，或者在意识到的时候已经错过了转弯时机；又如，提供的转弯信息只展示了当前转弯信息，用户缺乏对后续的连续弯道的了解，特别容易在下个转弯信息处变错道、走错路。

这个发明创造重点优化了连续弯道场景下的导航显示和播放策略，提升导航信息传达的效率和效用。具体发明内容如下：

- 车辆转弯次数判定步骤，判定车辆在从当前位置至预定位置或预定距离的导航路径中的剩余转弯次数；
- 显示控制步骤，根据所判定的剩余转弯次数，显示相应的转弯信息。

这个发明创造，在连续转弯时，在导航显示即将进行的转弯信息的同时，显示其后一个转弯的信息，从而使驾驶员提前了解需要进行的转弯的信息，做到心中有数，尤其是在需要连续转弯的路线中，能够使驾驶员提前知晓之后的导航路线情况，避免驾驶员在不知情的情况下慌乱操作，导致不安全情况的发生。尤其在立交桥上，车辆会在一个非常短的时间内进行多次变道。而现有导航只会显示

当前转弯信息，这就导致用户转过当前弯之后，就开向错误的车道，或者导致他在下个临近弯道时，无法在合适车道上完成再变道。

专利授权公告号及名称：CN110386150B 车辆辅助驾驶方法和装置、计算机设备、记录介质。

10. 引入车辆使用痕迹，使自动转向更精确

在辅助驾驶或者自动驾驶的场景下，车辆行驶至弯道区域时通常会自动调整方向盘转角，从而控制车辆按照预先规划的路径轨迹行驶，以保证弯道行车安全。其中，方向盘转角除了与转弯车速和路径轨迹曲率有关，往往还与车辆个体参数（例如方向盘零偏、质心位置等）有关，这些车辆个体参数主要是通过人为静态调试与标定来确定的。

然而，由于车辆个体参数会受汽车使用时间以及车辆机械磨损情况等众多因素的影响而发生变化，现有技术需要在调整方向盘转角之前及时地更新车辆个体参数，因此增加了复杂的人为调试工作，操作极其不便。

这个发明创造引入了实时因子系数，不需要人为调试，就可以根据车辆状态，提升转弯时的转向准确性。具体发明内容如下：

- 当车辆行驶于弯道时，获取车辆的实时车速和车辆的实时轨迹曲率；
- 将实时车速、实时轨迹曲率以及车辆的实时因子系数代入预设的多项式模型，求得车辆的目标方向盘转角，其中实时因子系数是利用车辆的方向盘转角样本数据、车速样本数据和轨迹曲率样本数据对多项式模型进行多项式回归处理后获得的；
- 按照目标方向盘转角调整车辆的方向盘转角。

这个发明创造引入了实时因子系数将车辆的日常损耗进行评估，并纳入算法里，提升转弯的转向准确性。其实，这种现象在工具的使用中，也非常常见，例如，木把手的锤子，在久经使用之后，就会变得尾部凹凸，中部光滑。因为一开始打钉子的时候，会用锤子头部轻轻敲打定位，然后迅速滑到尾部，大力握住之后敲打钉子。正是这样的一滑一握，让木头被汗水浸润、经过摩擦力作用之后，形成了锤子使用的痕迹。在记录这些使用的数字化信息之后，可以建立预测模型或者引入实时因子系数来计算机器的实时状态，这也正是这个发明创造的创新逻辑。

专利申请号及名称：CN201910824153.0 一种车辆方向盘转角的调整方法及系

统、车辆。

11. 双手大力握盘，车辆紧急制动

在使用ADAS的时候，要求用户把双手放在方向盘上，以便随时接管车辆。此时，用户的双脚就得到充分解放，可以不必停留在油门或者刹车踏板上。这种技术的介入，让原有的方向盘和油门、刹车踏板的关系，发生了很大的转变，用户需要用双手握住方向盘长达半小时，但他的双脚不会踩一次踏板。这就让传统驾驶模式，受到了很多挑战。

同时，现有方向盘一般只允许实现变更车道，无法实现紧急刹车或者快捷加速（有些车辆会在方向盘上提供一个微调滚轮，用作ADAS时的加速或者减速功能，但在调整范围和速度上都不够便捷）。随着技术的不断突破，自动驾驶逐渐被普及，方向盘最初简单的驾驶功能也逐渐被自动驾驶模式所替代，但是追求汽车操控乐趣的驾驶者依然希望能够体验到驾车的乐趣。而传统的方向盘却无法在娱乐性和操控便利性上满足驾驶者日益增长的驾驶需求。

这个发明创造就是从ADAS的使用场景出发，优化了方向盘控制功能，打造全新的驾驶方式和体验。具体发明内容如下。

- 判断方向盘上的传感器的检测数值是否超过阈值。
- “根据判断结果选择性地控制车辆”的步骤具体如下：当第一检测数值超过第一阈值且第二检测数值没有超过第二阈值时，使所述车辆加速；当第一检测数值没有超过第一阈值且第二检测数值超过第二阈值时，使所述车辆减速；当第一检测数值超过第一阈值且第二检测数值超过第二阈值时，使所述车辆紧急制动。

具体实现案例如下：

- 当左手作用在第一传感器上的力大于第一阈值时，汽车加速时的加速度随着压力的增大而增大；
- 当右手作用在第二传感器上的力大于第二阈值时，汽车减速时的加速度随着压力的增大而增大；
- 当双手作用在方向盘两个压力传感器上的力都大于其各自对应的阈值时，汽车以最大的制动力紧急制动。

在辅助驾驶或者自动驾驶介入之后，需要用户介入的主要内容就集中在方向

盘上了。这个发明创造，通过用户左右手握紧方向盘的程度来实现车辆的加速、减速以及紧急制动。

其中，双手紧握导致车辆制动这种方式是一种全新的、极具创新意义的探索。在实际场景下，如果碰到紧急状态，驾驶员双手自然会大力紧握方向盘，这是一种非常自然的行为，这从行为上而言，比脚踩刹车这种训练后的机械行为更加贴近用户习惯。当然，全新的操作方式和现有培训系统以及用户习惯之间，必然有很多矛盾，这值得我们持续关注。

专利授权公告号及名称：CN108791460B 方向盘、基于方向盘的车辆控制方法、系统和车辆。

12. 夜间转向，点亮后视镜补光

车辆在夜间行驶时，一般都是通过车辆的车前大灯照射路面，所以照面范围仅限于车前的锥形区域，而在车轮附近（包括车前大灯以后的所有区域）的位置特别容易成为照明盲点。由于用户（驾驶员）视野受到光照条件的限制，用户对突发情况反应不及时，很容易发生交通事故，尤其是在夜间转向时，转向视野不佳极易发生交通事故。

目前，市场上大多数车辆都带有外后视镜照地灯（安装在前车灯后方），它能在夜间用户下车等场景中提供车门附近地面的照明支持，以及当用户在夜间打开车门时提醒其他车辆或行人本车辆的车门已经打开，以避免发生意外事故。但是，上述外后视镜照地灯仅在车辆夜间停止时使用，当车辆行驶时处于关闭状态，不能使用。

这个发明创造就是通过复用车辆的外后视镜照地灯，增加车辆转向时的光照范围以协助转向中的车辆照亮弯道盲区，达到增强车辆驾驶员的视野范围的效果，从而提高行车的安全性。具体发明内容如下：

- 当车辆处于夜间行驶状态时，调节外后视镜照地灯的照明角度以照向预设照明方向；
- 检测车辆是否进入转向状态；
- 若车辆进入转向状态，控制外后视镜照地灯为照明状态，否则控制外后视镜照地灯为熄灭状态。

光是沿直线传播的，虽然车前大灯很亮，但是也只能照亮前方的道路，而亮光的背后就是无限的黑暗。这个发明创造，让我特别认同的一点，就是利用现有的技术（外后视镜照地灯），将车辆夜间拐弯和其补光操作进行了结合，解决了“灯下黑”的问题，非常实用且用户体验很好，是值得推广的好创意。

专利申请号及名称：CN201711351656.8 辅助照明控制方法及装置、存储介质、照地灯及车辆。

13. 监测外部运动物体，避免“开门杀”

“开门杀”主要描述这样一种事故类型，用户（驾驶员）靠边停车之后，车内的人员下车时，很少会观察周围的情况，而直接将车门打开，当车辆周围具有朝向车辆方向行进的人或物时，尤其是快速行驶的电瓶车时，很容易与突然打开的车门发生碰撞，造成一些不良的后果。

这个发明创造就是通过检测外部物体，在用户准备下车时做出提醒或者控制，避免“开门杀”。具体发明内容如下：

- 识别车辆周围预设监控区域内的运动物体，并确定运动物体相对车辆的距离信息、运动物体的运动方向、运动物体的运动速度信息；
- 根据距离、运动方向和运动速度，判断是否锁定车门或者使用其他提醒方式，例如播放锁定音效。

这种类型的事故，我曾经就差点出过，应该是在黄姑山横路和工专路交叉路口，我送一位同事回公司。车刚刚停住，他准备从右侧下车，没仔细看后方情况就打开了车门，此时刚好一辆电瓶车载着一个人，想从车和马路之间通过，险些造成交通事故。这种情况下发生的事故严重性还相对轻微，因为对方车速不算快，如果是从左侧开门下车，超车的电瓶车车速往往非常快，事故严重性就会进一步提升。

正是这样的经历，我在当年也撰写了避免“开门杀”的专利，最后因为缺乏新颖性被驳回了。其实，看越多的专利，越发现授权专利，有些强在场景的发现上；有些强在解法上；有些是这两方面都强。普通人也会有创新的想法，尤其在场景发现这个方面，只是需要正视并记录这些想法，才会有发明创新的机会，例如这个“开门杀”，大部分人都能发现，只要肯正视，自然也能想出类似的解法。

专利申请号及名称：CN201910412006.2 车辆及其门锁的控制方法、装置。

14. 车辆蛇形走位，判定触摸屏影响到驾驶员

现如今很多车辆上都搭载大尺寸的触摸屏，用户（驾驶员）通过它可以实现

和车辆系统的多种直观的信息交互，如倒车影像、导航、音乐和视频播放等。可以这么认为，触摸式车载信息娱乐系统的发展和应用，不仅提升了车辆的电子化、智能化程度，而且还极大地丰富了用户的用车体验。但是，不同于传统的按键式车载信息娱乐系统，触摸屏几乎不可盲操。这就导致了用户在驾驶过程中如果需要使用触摸屏，必须将视线移到触摸屏上，这将导致驾驶员在行驶过程中注意力不集中，有可能影响驾驶安全。

现有技术中主要通过眼动测量法、视觉遮挡测量法和外周视觉检测任务测量法等，评估车载信息娱乐系统对驾驶安全的影响程度，但这些方法都是从驾驶员的角度出发的，不仅主观性较强，而且准确性较差。

这个发明创造就是从用户行为出发，当行车中有屏幕被使用，且车辆的偏移值超过阈值时，就产生车辆安全性的评价，并衍生出警告或者管控。具体发明内容如下：

- 采集测试主体在车载信息娱乐系统处于活动状态时的第一位置信息，例如，娱乐屏活动时，车辆实际的行车路线和道路长度；
- 基于第一位置信息，计算测试主体的偏移量，例如，对比实际行车路线和理论行车路线，判断是否存在蛇形走位或者不必要的偏移量；
- 基于偏移量，评估触摸式车载信息娱乐系统对驾驶安全的影响程度。

如果驾驶员在实际驾驶中，看向右侧的娱乐屏，那么对大多数人而言，行车路线就会变得非常不稳定，非常容易出现蛇形走位。这个发明创造就是发现了这个问题的特征，并通过该特征来解决这个问题。这和其他技术方案有着显著的差异，更多的是从事实结果出发，即从车辆实际偏移值出发，而不是通过分析和预测用户意图来判断是否有影响。整体的效果从逻辑角度出发会更加准确。

专利授权公告号及名称：CN109839106B 驾驶模拟系统、车载信息娱乐系统的评估方法及系统。

7.2.5 售前和售后

1．试驾体验数据化，试驾后生成报告驱动业务

新能源汽车的销售模式，和传统燃油汽车以 4S 加盟为主的销售模式有很大区别，越来越多的企业采用直营的方式来接触一线用户。这种方式可以让生产厂家

更多地直面用户需求，而购买前的试驾就成了用户意向连接的关键点。实践证明，好的试驾体验可以刺激用户的购买欲望。然而，在线下试驾体验方式中用户只能依靠试驾时的单一感受去评判试驾车辆是否满足自身需求，且对大多数用户而言，很难单凭一次试驾体验便准确感知试驾车辆的性能好坏，当用户试驾车型数量较多时，用户更难以凭借记忆区分对各不同车型的车的试驾感受。同时，车企也只能通过销售人员记录各种试驾数据，有些用户感受和场景是很难进行汇总和分析的。

这个发明创造就是在现有试驾的技术基础之上，通过分析用户数据、驾驶行为数据以及车辆数据，形成一个完整的分析报告，提升整体的试驾体验和企业对终端用户的了解。具体发明内容如下：

- 获取用户在试驾车辆的过程中的体验数据集合，例如试驾场景数据（试驾天气、试驾时段和试驾路段路况）和试驾行车数据（油耗或电耗数据、试驾路段里程、试驾加速数据和车内温度）；
- 获取所述用户的用户画像，包括身份特质、期望车型、行为偏好、驾驶习惯和活跃度等；
- 根据所述试驾体验数据集合和所述用户画像，生成所述用户的试驾报告。

这一发明创造非常具有互联网思维，让我想起一句话：一切业务数据化，一切数据业务化。通过记录和分析用户和车辆的各类数据，将其汇总和流通，可以更加精准地识别用户需求，也可以更好地连接生产、销售和使用这几个过程。前一段时间，我去试驾申请这个发明创造的专利的企业的一辆新车，就体验到试驾报告的服务，从我的预约开始，到安排试驾、正式试驾，再到后来的回访，整体的数据闭环做得很不错。这种数据化方式也是互联网助力实体企业的重要切入点。

专利申请号及名称：CN201910429400.7 试驾报告生成方法和云端服务器。

2. 你的车，在仓库里就已经是你的车了

目前，可以通过库存系统，对仓库中的车辆进行数字化记录，然而有些车虽然在仓库中，但是需要调拨、有质损问题等情况的发生，可能会导致车辆无法完成售卖。这就导致销售系统和库存系统，存在一定错位情况，销售顺序和库存顺序不再对应。同时，现有的销售系统在车辆售卖的时候，并没有按照各台车辆的生产日期进行售卖，这样无法保证先入库的车辆先售卖，造成部分车辆在仓库中

长期堆积的现象。

这个发明创造就是基于现有技术，通过对车辆进行编码，将销售系统和库存系统进行数字化串联，实现库存的高效运转。具体发明内容如下：

- 将车辆进行收录，并将收录的车辆按照类型划分至对应的队列中，将队列中的车辆按照收录时间进行编码，使得车辆具有唯一的车辆 ID；
- 实时监测车辆的状态，并对车辆的状态进行备注，使得车辆的状态为停售、待售或已售；
- 在接收到订单信息后，读取订单信息中所包含车辆的类型（例如，配置或者色彩等信息），并在队列中选取与第一车辆的类型对应的第一队列（找到对应配置和色彩的队列），识别队列中状态信息为待售的车辆，并在识别到的待售车辆中按照车辆 ID 的顺序进行售卖（将库存中最先生产的车辆，配比该订单，进行售卖）。

在这个发明创造中，使用元数据管理实现了物理世界和数字世界的一一匹配。这是数字化赋能实体产业的一种常见实践。

专利申请号及名称：CN201711417787.1 车辆库存管理的方法、系统及计算机设备。

3. 不同开车方法，决定保养零部件和周期

目前，车辆的保养多采用定里程或定周期的方式进行，主要就是通过经验值或者行业标准，设定一个预估时间，让车辆返回 4S 店进行保养和检查，常见的就是新车行驶 5000km 或者超过半年时间，哪个时间点先到就先执行哪个时间点。定里程或定周期的保养方式虽然是符合整体情况的，但是不一定符合每辆车的实际情况。例如，驾驶强度大或操作力度大对发动机和刹车片的磨损大，在车辆没进行保养之前，几个关键零部件就已经提前磨损了，但因为保养周期没到，一般用户不会提前保养；而温和的驾驶员，对车相对爱护，主要以平缓路段为主行驶路段，有的人半年驾驶里程都不到 3000km，但是因为保养周期已到而不得不保养，浪费了不必要的人力和财力。

同时，根据车辆状态（即零部件是否出现异常）来提醒用户保养，只能在汽车出现异常的时候才提示，属于事后补救，而非预警。提醒用户保养时，零部件已经有了实质损耗，导致用户不得不立即维修，这种意外性会带来诸多不便（维

修需要时间，导致用户突然无法用车），同时危险系数也更大。这个发明创造就是基于现有保养预警技术，将车辆数据导入预测模型中，实现关键零部件的单独计算，输出最合理的保养时间。具体发明内容如下：

- 获取车辆数据，包括关键零部件的保养周期，同时获得这些零部件的使用情况（工况特征数据），例如，发动机运转是高速的情况多，还是低速的情况多；车辆负载是满载的情况多，还是空载的情况多；
- 通过零部件对应的状态预测模型分别对多个工况特征参数数据进行处理，得到与零部件对应的多个状态参数数据；
- 根据零部件对应的多个状态参数数据，确定车辆的保养信息，保养信息包括待保养的零部件以及对应的保养时间。

以前物理设备中所有产品的保养周期、保质期等几乎都是确定的，甚至包括食物都具有一样的保质期，但是否通风，是否能够存放在冰箱这些变量，都会实际影响食物的保质期，但是传统逻辑就是"一刀切"。然而，物理设备一旦数字化了之后，就可以实现精益管理，精确到每个细节、每小时，甚至每个特定状态，让物理设备有效且安全地运转。例如，申请该专利的企业还有另一个发明创造，通过轮胎上的传感器，感知路面情况，实时调整空气悬架来适应当时的路况。

这是数字化具有的一个非常大的创新意义，几乎在所有领域都能体现。

专利申请号及名称：CN202110520811.4 一种车辆保养信息的确定方法、装置、设备及介质。

4. 静止租赁状态下，启动低能耗模式

目前，一些地区已经开始试验一种较为新型的租赁方式，叫作分时租赁。在这种模式下，用户通过手机 App 扫描选定车辆上的二维码，获得车辆启动的授权后，用户可以基于自身的实际需求，随时使用启动、行驶、锁车和换车命令。这种不依托于钥匙的租赁方式，提升了车辆交接的便捷性，也更加节能环保。

然而，这种分时租赁车辆的方式，往往是通过在原有车型上加装车载终端来实现无线连接和租赁的，而这个车载终端又使用车辆电瓶进行供电。此时，车辆若被长时间搁置，仍会消耗电瓶大量电能，导致车辆无法正常启动和租赁。这个发明创造就是基于现有这种车载终端高能耗的问题，提出场景化的节电方案，从而提升易用性和产品体验的。具体发明内容如下：

- 若汽车的当前车辆状态为停止状态，向服务器发送获取汽车的当前租赁状态的请求信息；
- 若确定所述汽车的当前租赁状态为租赁，则将所述汽车转换至低能耗模式，在所述低能耗模式下维持与所述服务器之间的长连接。

传统汽车的电瓶容量相对有限，在静止条件下，往往整车处于断电模式，从而避免车辆无法点火启动的尴尬场景。当然，即使是电池容量很大的新能源汽车，也会在静止时对高能耗部件进行分级管理，避免待机期间的过度损耗，导致车辆无法正常使用。而这个发明创造就是切换租赁的使用场景，并采用一个相对传统的使用方法。这也是创造性一个很重要的来源，也就是前文提到转用发明：将某一技术领域的现有技术转用到其他技术领域中的发明创造（尤其是全新领域）。

专利申请号及名称：CN201710911960.7 汽车的控制方法、装置及系统。

7.3 互联网专利

1. “@某人”后自动增加称呼

我在聊天的时候有个习惯，就是在群聊中“@某人”后，总会在昵称后面再加上称呼，例如，“@张三 张总……”“@李四 李哥……”，不加称呼总感觉有些不礼貌。我们在群聊会话中提醒某人时，需要先输入“@”符号，然后选择会话对象或输入对象昵称，通过长按对方头像也可以触发“@某人”的操作。但是，无论增加称呼还是“@某人”，都需要用户手动操作，输入效率低下。

这件专利围绕称呼提供了两个解决方案：第一个，“@某人”后消息中自动增加称呼；第二个，根据输入消息中的称呼自动“@某人”。

第一个方案用于解决手动输入称呼的问题，系统检测到用户执行“@某人”操作后，可以根据历史消息中的常用称呼，或者备注、标签，甚至是“亲”“亲爱的”作为称呼插入会话消息中，从而自动生成一条包括称呼的会话消息。具体发明内容如下：

- 根据用户的操作确定会话对象，例如“@张三”；
- 根据会话对象之间的映射关系，确定常用称呼，例如历史聊天记录中称呼张三为“张总”；

■ 在当前会话消息中插入会话对象的常用称呼，例如，生成会话消息“@张三 张总”。

第二个方案要解决的问题是“@某人”需要手动触发，操作效率低。既然第一个方案通过“@某人”可以自动增加称呼，那同样可以根据用户输入的称呼，自动触发“@某人”的操作。例如，在群聊输入框中输入“张总，这是最新的方案”，系统检测到对张三的常用称呼为张总，则自动增加“@张三”，从而生成一条包括对象提醒的消息“张总，这是最新的方案@张三”。具体发明内容如下：

■ 确定群组会话消息的发送人；
■ 识别群组会话消息中常用称呼对应的会话对象；
■ 基于群组会话消息生成对会话对象的提醒消息。

这件专利通过自动化的策略，减少了操作步骤。虽然自动化是一种十分有效的创新策略，但如何发现问题才是创新的关键。我看到这件专利的时候就在想，我每天都在“@某人”并输入称呼，也没有意识到这个地方是可以创新的，可能有时自己感觉操作有些麻烦，但从来没有停下来思考过。

这件专利让我意识到要创新，就需要在日后的生活中培养一颗敏锐的心，在遇到哪怕一丁点让自己不舒服的体验时都要敏锐地觉察到这个点可能需要改进，并把自己的感受、问题记录下来。这件专利也让我看到了专利所带来的巨大价值，因为在工作中如果这只是一个想法，那么它带来的价值可能仅停留在提升用户输入效率上，甚至没有人会在意这个想法。但当这个想法被申请为专利时，就成了所有即时通信软件不可逾越的一个壁垒，这个价值就不言而喻了。

专利申请号及名称：CN201710158978.4 会话消息生成方法及装置，电子设备。

2. 不用下载也能预览文件内容

我们经常会在网上下载各种文件，但大多时候，下载前我们并不知道所下载文件中的内容是不是我们所需要的，只有成功下载下来，查看后才能确定。如果遇到一个较大的文件，下载下来查看后发现它并不是我们所期待的，不仅浪费了大量时间，还会影响我们的心情，使我们感到沮丧。有时候甚至会下载到病毒或木马文件。针对这些问题目前也有解决方案，比如邮箱可以对附件进行病毒检测。邮箱和网盘也提供了文件预览功能，通过服务器解析在网页中查看文件然后下载。但这些方法都存在一定的滞后性，就好像我们收到了一个快递，然后需要通过 X

光扫描一下里面的内容，确认无误之后再打开。而且，像即时通信这种点对点的文件传输，就没有提供文件预览的服务。

这件专利提供了一种文件传输的处理方法，可以为用户提供各种文件的预览服务。例如，我们在微信中收到了一份 PDF 文档，以前需要先将它下载下来才能查看其中的内容，现在只要把鼠标指针移动到它上面就会显示文档前 3 页的缩略图；若是 ZIP 压缩文件则预览内容为压缩包内的文件目录；若是视频则会显示几幅不同时间点的视频图像；甚至像 Photoshop 这样的设计文件也可以显示对应的缩略图。

这个技术原理是在文件发送前服务器就对文件进行了解析，从而提前获得文件的基本信息，如文件名、文件类型、文件大小、文件特征值（例如 MD5 值）、缩略图等，然后把这些信息发送给接收方，这样接收方就可以提前查看文件的预览信息，而不像之前需要等文件上传成功后服务器对文件进行解析后才能查看。具体发明内容如下：

- 发送方确定待传输的文件，并对文件进行解析；
- 得到文件的基本信息和预览信息，然后发送到服务器；
- 向接收方发送文件的传输请求和文件的基本信息，使得接收方通过特征值从服务器获取预览信息。

在文件下载前，系统已经为用户准备好了预览内容。这是交互设计中的“预处理”方式，在用户与系统交互之前，系统提前为用户做好准备，以便更快速地响应用户的操作，减少等待时间，同时也可以减少用户犯错的概率。常见的预处理案例有：浏览器将网页数据缓存在本地，以便在下次访问时可以快速加载；视频播放过程中自动加载后续的播放内容；提交表单前系统实时检测反馈所填格式是否正确；编辑文档时系统自动保存。“预处理”在交互设计中具有重要的作用，可以提供更加智能化的交互体验，提升用户满意度。

专利申请号及名称：CN201610814407.7 一种文件传输的处理方法及相关设备。

3. 将聊天背景变为共享地图

朋友在线下聚会时，为了更方便地找到对方，可以使用即时通信中的共享地图功能，实时查看对方的位置。然而，在即时通信软件中开启共享地图会跳转到对应的共享界面，这时候若用户想要发送消息给朋友，只能退出共享界面，然后回到会话界面进行消息发送。因此用户若要一边沟通一边查看对方位置，就需要在共享界面和会话界面之间不断地切换，不仅操作烦琐，还降低了沟通效率。这就好比想要工作的时候只能在书房，想要休息的时候只能在卧室，若想要一边休息一边工作怎么办呢？

其实解决这个问题的方法很简单，只需要把两个不同的功能进行合并就可以了，例如在卧室中增加办公的位置。这件专利也使用了类似的方式，当用户开启位置共享功能时，将会话聊天背景直接变成共享地图，而聊天消息则显示在共享地图上方。这样用户不仅能在会话界面看到对方的位置共享信息，还可以给对方发送消息。同时用户还可以针对背景的共享地图进行操作，例如拖动、放大、缩小等。如此，便解决了用户需要来回切换界面才能查看位置与发送消息的问题。具体发明内容如下：

- 接收位置共享功能的开启指令；
- 根据开启指令生成位置共享层，位置共享层用于在地图中显示用户的地理位置；
- 将位置共享层作为会话界面的背景显示层进行显示。

面对位置共享界面无法进行聊天的需求，我们一般能够想到的解决方案就是在共享界面中增加聊天功能，微信当前采用的就是这种解决方案，在位置共享界面中增加了语音通话功能，这样虽然可以解决问题，但并不是我们想要的“创新”，因为这个解决方案每个人都可以轻松地想到。最具有创新性的想法是那种你平时想不到的，但看到解决方案后会惊讶于对方怎么如此有创意？好的创意就在我们眼前，在我们已经熟悉的环境中。当聊天背景这个我们平时几乎都会忽视的元素，变为共享地图的时候，我们会发现这个创意太棒了。这件专利不仅是简单的功能组合，而是利用功能中已有的元素，让其发挥本不属于它的功能。

专利申请号及名称：CN201710050713.2 界面显示方法及装置。

4．语音通话中听声辨位

语音通话是一种非常方便、高效的沟通方式，可以让我们随时随地进行线上沟通。两个人在进行语音通话的时候，我们可以轻易地识别对方的声音。然而，在多人线上沟通时，例如，在网络会议场景下，我们无法通过视觉去分辨每个人，只能通过每个人的声音特色来进行识别。倘若多个说话人的声音没有特色或是他们的说话特色很接近，我们就很难辨别出谁是谁了，可见当前语音通话存在识别性较差的问题。

我们的听觉附带一种天生的能力就是可以辨别声源的位置，例如，晚上睡觉时拍死在耳边嗡嗡叫的蚊子；在玩射击游戏时通过脚步声判断敌人的位置。这件专利的发明内容就利用了这种“听声辨位”的能力。当多人语音通话时，系统为每个人分配一个虚拟的位置，可以想象成所有参与人员都坐在一个圆桌旁，当有人说话时，系统根据此人分配的位置来调整我们左右声道的语音数据，让我们的左耳和右耳在接收语音时存在时间差和强度差，从而让我们感觉每个发言人是在不同的方位对我们说话。例如，张三的虚拟位置在左边，当张三说话时，我们的左耳比右耳先听到声音，且左耳听到的声音比右耳听到的大，我们的大脑就会认为张三是在我们的左侧说话。通过调整左右声道赋予了声像位置信息，从而增强了语音辨识性。具体发明内容如下：

- 确定参与语音会话的各通信方；
- 为各通信方分配彼此相异的模拟方位；
- 根据模拟方位，调整相应通信方向的各声道语音数据中的至少一种，获得存在听觉差异的各声道语音数据；
- 输出调整后获得的各声道语音数据。

通过挖掘声音的声源方位属性，实现了信息反馈的多元化。这件专利最巧妙的地方在于“声源方位”本来就是声音属性的一部分，多元化的手段不是增加额外的属性，而是把隐藏的属性显现了出来。所以这是一个极小框架内的创新，创新指数非常高。其实，我的一件专利（CN201610230827.0 一种基于多人远程通话的音频数据处理方法及装置）与这专利内容基本一致，更巧的是两件专利分别是 2016 年 3 月和 4 月提交申请的，并且都授权通过了。但仔细对比之后，可以发现两者的区别还是比较明显的。后者强调将通话中彼此的实际地理位置作为变量，构建一个符合真实通话情况的空间感，而前者是系统预设分配的。听觉与视觉一样可以在我们的大脑中形成影像，而空间、方位就是这些影像的基础属性之一。

专利申请号及名称：CN201610143951.3 语音通信数据处理方法和装置。

5. 在聊天页面拖动文件完成一键转发

转发是社交客户端中常见的一种操作，其重要性在于它可以让用户在不同的终端之间快速地进行资源传输。但在当前技术方案中转发过程需要用户执行多个操作，流程较为烦琐且效率不高。具体地，当我们想把会话界面中收到的文档转发给他人时，需要先对该文档消息进行长按操作来触发菜单选项；再从菜单选项中选择“转发”组件；然后从对象选择界面中执行目标选择、转发确认等一系列操作后，才能完成整个转发流程。

为了简化转发操作流程，提升资源传输的效率，这件专利提供了一种资源传输方法。当在会话界面进行资源转发时，对目标资源消息执行长按操作，与此同时系统会通过蒙层显示转发界面，该转发界面底部显示最近通话人的头像，顶部显示“我的电脑”，这时用户只需要把该资源消息对应的图标拖动到最近通话人的头像上或“我的电脑”上即可完成转发操作。

这件专利通过为用户提供一个便捷的资源传输界面，实现了将数据资源一键传输给目标对象的操作。具体发明内容如下：

- 在目标会话的会话界面中显示目标消息；
- 若目标消息被触发，则输出资源传输界面；
- 根据针对消息图标的移动操作，把消息图标从图标显示区域向对象显示区域移动；
- 在消息图标被移动至对象显示区域后，向目标对象标识所指示的目标对象传输目标消息对应的数据资源。

拖动手势在交互设计中非常重要，它不仅可以提高用户的操作效率和体验，还可以使交互界面更加灵活、自然和易用。拖动手势模拟了人们在日常生活中对物品进行移动的动作，因此用户对该手势操作的理解和使用非常自然和直观，例如拖动文件到文件夹，拖动列表进行排序，两指拖动调整图片大小等。

这件专利通过对操作流程进行简化，使复杂的操作加以重组，把多次输入动作变为了一次输入操作，把多次点击变为了一次拖动，实现了一键完成转发，提升了操作效率。我之前看过一件点餐客户端加菜方法的专利（CN202010437802.4），其内容是服务员在点餐过程中其他客户要进行加菜，只需直接拖动相应的菜品到对应的餐桌序号中即可，不需要退出当前点餐流程，这也是一个通过拖曳提升操作效率的案例。

专利申请号及名称：CN202010890571.2 资源传输方法、装置、终端及介质。

6. 领取红包系统自动推荐答谢表情

随着互联网消费的普及，很多用户通过支付宝、微信、QQ 等软件给客户、亲朋好友等派发红包，电子红包已成为一种新的红包派发方式。用户领取红包后，可以通过表情或文字等信息向派发者表示感谢和惊喜。但我们会发现并不是所有领取红包的人都会进行回复，这可能是由于他们不知道说什么又或是临时有事忘记了回复，这些看似是用户自己的问题，其实也有应用缺乏相关的引导机制的原因，导致用户领取红包后不能高效地完成互动操作。

为了对领取红包的用户进行有效的引导，促进用户之间的交流，这件专利发明了一种图像推荐方法，当用户领取红包后，根据红包属性为用户推荐表情。例如红包上的文案信息为“祝大家新年快乐”，当用户领取红包后，在输入框上方就会出现“领到了红包，感谢一下吧”的表情推荐区域，该区域中的表情与“新年快乐”有关，用户可以选择感兴趣的表情进行回复，该方法提升了表情回复的便利性。同时推荐表情与当前会话场景是相匹配的，从而可以增强用户之间的话题性，促进用户之间的交流。

这件专利还提供了一种商业化的应用，用于提高推广对象的曝光率，具体实际应用场景如下：红包封面为某啤酒的推广内容，则领取红包后推荐的表情为啤酒干杯的图像。具体发明内容如下：

- 在会话界面中检测到针对电子资源包（即红包）的领取操作，获取电子资源包的属性信息；
- 根据属性信息获取推荐表情，并将推荐表情显示在会话界面的表情推荐区域中；
- 接收针对表情推荐区域的选择操作，从推荐表情图像集中确定目标表情图像；
- 发送目标表情。

通过系统提示来辅助用户进行决策，可以大大提高产品的易用性。这件专利基于用户的上一步操作“领取红包”，来推荐相关回复表情，把用户选择什么样的表情能更好地回复对方这种复杂的有意识的行为，变为一种用户无须做出努力即可下意识完成的操作。类似的还有在搜索框中输入内容后系统实时显示推荐结果；在微信书法中查看候选字后会显示“手写找字”；在录入收货地址时系统会自动识别剪切板中的地址信息等。把用户下一步需要操作的内容直接显示出来，缩小了用户评估阶段和执行阶段的“鸿沟”，使得用户能够方便、迅速、准确地完成操作。

专利申请号及名称：CN202010390300.0 一种图像推荐方法、装置、客户端及存储介质。

7. 根据握持手势显示键盘位置

为了提高手机的显示效果，手机的屏幕越来越大。大屏在提升视觉感受的同时也导致了操作便利性的下降，尤其是在单手操作的情况下。当我们单手握持手机通过虚拟键盘录入信息时，由于手指的活动范围有限，只能通过移动手的位置来进行录入，有时甚至很难通过单手完成操作。在现有技术中，虚拟键盘提供了左右手模式，通过向左或向右缩小键盘来适应单手操作，但开启左右手模式操作复杂。也有在手机边框上增加传感器的方案，通过识别握持面积来确定握持手机的方式，该方案需要增加额外的硬件，成本较高。

为了解决上述问题，这件专利提供了一种虚拟键盘展示方式。以电子支付场景为例，当用户点击支付按钮时，通过手机陀螺仪来确定用户握持手机的方式，例如当我们用左手握持手机时，为了方便操作我们通常会将手机向自己的手心转动，当系统检测到手机转动方向偏移超过一定阈值时，即可判定此时用户使用单手握持方式并且使用的为左手；然后在拇指操作范围内显示顺时针旋转 45°以扇形布局的虚拟键盘（因为拇指的操作范围是以左下角为中心的一个扇形区域，所以旋转之后的虚拟键盘能让用户以更加舒适的姿势输入密码、金额等信息）。

由于该方案是基于手机的常规硬件陀螺仪进行数据采集的，因此不需要增加额外硬件，相较于其他方案成本较低。具体发明内容如下：

- 确定针对终端设备的目标触控操作；
- 根据触发目标触控操作时终端设备的第一位置信息，确定对应终端设备的目标单手持握方式；
- 根据目标单手持握方式，在终端设备的显示区域中确定虚拟键盘对应的显示范围；
- 基于显示范围展示虚拟键盘。

能够解决单手操作困难问题的交互方式还有很多，例如通过下拉屏幕对上半屏进行操作；通过缩小屏幕减小操作范围；还有通过对操作点进行位置映射完成对更远位置的操控（CN201510504431.6），而这件专利提供的解决方案基于用户使用手机的自然动作，来改变键盘的展示角度和形式，这是一个在最小框架内实现的解决方案。我也写过一个类似的专利（CN201811015486.0），用户在购买商品时使用手机支付，支付完成后由于存在优惠金额，因此实际支付金额与商家收款金额不同，通过陀螺仪来识别手机的旋转，从而实现对商家和对自己展示不同的支付成功界面。

专利申请号及名称：CN202010705792.8 一种虚拟键盘展示方法和相关装置。

8. 录制视频时包含震动信息

现在，电子设备不再是简单地让你看到和听到信息，还可以让你感受到信息，这得益于触觉反馈技术。触觉反馈技术通过作用力、震动等一系列动作，可以让我们在使用电子设备时更有“质感”。例如在玩游戏时让你感受到击打、碰撞的力度，或者在播放视频时模拟音乐或声音的节奏和响度，让你感受到身临其境的震撼效果。触觉反馈可以给用户带来沉浸式的体验，但在目前的游戏直播场景或游戏回放场景中，电子设备只录制和播放音频信息与视频信息，没有触觉信息。

针对以上问题，这件专利提供了一种屏幕录制方法，可实现电子设备在进行屏幕录制时不仅可以录制音/视频信息，还可录制触觉反馈信息，进而在播放屏幕录制文件时既可播放多媒体信息还可播放触觉反馈信息。可以想象，当我们拿着手机在观看游戏主播进行疯狂输出时，手机伴随着游戏主播的操作而震动，就如同我们自己在玩游戏一般，这种多通道的反馈可以让我们获得更加真实和沉浸式的体验，增强了我们的参与感。具体发明内容如下：

- 接收第一指令，包括启动屏幕录制的指令；
- 获取被录制目标应用输出的多媒体信息和触觉反馈信息；
- 根据多媒体信息和触觉反馈信息，生成屏幕录制文件。

一个事物的原始信息是最全面的，但在互联网的环境中原始事物需要经过转换，例如录制、截屏等操作，从而导致原始信息丢失。这件专利就是通过“找回”录制视频中丢失的震动信息来进行发明创造的。类似的案例有：在应用中展示二维码，屏幕亮度自动调节。当二维码以静态图片进行展示时，终端的显示屏的亮度通常无法动态变化，用户界面的显示方法、装置、设备及介质（CN202210625605.4）提供了一种方法，即当展示二维码图片时识别手机运动轨迹来调整屏幕亮度。又如，把聊天内容截图保存时需要在第三方软件中进行图片打码，一种截图生成的方法以及相关装置（CN201910697038.1）提供了一种在会话页面直接生成截图一键打码。可见识别二次生成的内容与原始内容的差异性也是一种有效的创新方法。

专利申请号及名称：CN202111249454.9 屏幕录制方法、装置、设备及存储介质。

9. 基于聊天内容预测对方情绪及情绪强烈程度

在使用即时通信工具进行会话交互的过程中，我们会通过对方发送的文字信息、语音、图片、视频等数据，分析对方的情绪，然后进行回复。然而在理解对方更深层次的情绪，特别是一些看起来“风平浪静”的情绪上，往往需要仔细揣摩并分析对方的意图和情感状态，以便做出更加恰当的回应。举一个一对夫妻对话的例子。丈夫说：“老婆，我今天下班跟同事打篮球可以吗？”之后，妻子回复：“我随便呀，你开心就好”，这个时候可以感受到妻子有些不开心，但至于多么不开心，是否需要下班马上回家，就需要好好想想了。

基于此，这件专利提供一种能够提高交互效率的通信会话交互方法。通过对会话内容进行分析，可预测对方情绪及情绪的强烈程度，基于该预测结果为用户在会话沟通过程中提供了指导性建议。作为消息接收方可以更直观地理解消息发送方的真实情绪和意愿，从而采取相应的沟通策略。针对上面的示例，对妻子回复的“我随便呀，你开心就好”进行情感分类、情感强烈程度计算，发现该情绪预测结果为愤怒情绪占 80%，理解情绪占 20%。根据情绪预测结果，系统在丈夫手机上显示建议信息为“对方可能很愤怒，建议安抚”，然后丈夫立即回复“我不去了，下班就回家”，妻子回复“等你哦”，针对这个消息情绪预测结果为“老婆开心了”。

可见这件专利可便于人际沟通亲密性的深入及升级，可以提高交互效率，提高用户黏度。具体发明内容如下：

- 获取目标会话数据；
- 根据目标会话数据进行情感分类，并对情感分类结果进行情感强烈程度计算，例如，情感为愤怒，程度为重度；
- 根据情感分类结果及程度值结果，确定情绪预测结果；
- 将情绪预测结果展示在第二会话用户对应的目标终端，例如，显示愤怒程度为 80%。

通过语音识别对方情绪已经成为一种常规的技术手段，例如，CN201310438511.7获取用户在通话过程中的情绪变化信息，提醒用户或者对方克制情绪；CN201310651467.8中提到获取通话中对方用户的通话语音，在通信列表显示对方用户的心情及性格信息；CN201410218988.9中提到获取用户语音数据，使通信双方以直观的方式表达和感受对方的情感。这件专利的创新在于在分析情绪的基础上增加了情绪程度属性。这属于选择发明，即从现有技术公开的宽范围中，有目的地选出现有技术中未提到的窄范围或者个体的发明创造。

专利申请号及名称：CN201811396597.0 通讯会话交互方法、装置、计算机设备。

10. 用弹幕显示未读消息

使用社交应用的过程中，你一定会遇到这样的情况：打开某个应用一看，发现其中有一大堆的未读消息，每一个会话列表后面都显示着醒目的小红点。查看这些未读消息的操作主要通过来回进入未读消息对应的各个会话页面进行。这种操作就像打扫房间一样，需要频繁进入每个房间进行清理，可见在这种场景下查看未读消息操作烦琐，效率低下。

针对上述问题，这件专利提供了一种消息处理方法，使用该方法可提高未读消息查看效率，即当系统检测到未读消息时，通过弹幕的形式显示未读消息。可以想象在消息列表页面，滚动显示未读消息弹幕，就如同看视频时看弹幕一样，用户不进入聊天页面，即可查看未读消息。若对弹幕页面中显示的任一弹幕感兴趣，点击弹幕即可跳转至该弹幕对应的会话页面，并定位到该弹幕消息位置，且自动打开字符输入框，方便用户结合该弹幕消息的上下文，对该弹幕消息进行快速回复。采用这样的方式，可以直接预览未读消息，有利于提高未读消息的查看效率。具体发明内容如下：

- 输出存在未读消息的目标会话对象的未读消息指示信息；
- 若检测到针对第一会话对象的预览查看操作，则获取第一会话对象的未读消息；
- 对获取到的第一会话对象的未读消息进行预览显示处理。

弹幕作为一种新的消息观看方式和互动方式，已经成为现代娱乐和文化传媒中不可或缺的一部分。弹幕通常出现在网络直播、在线影视、游戏视频等场景中，主要作用是让观众可以即时互动和交流。这件专利通过把弹幕功能迁移到社交应用中，使会话页面增加了新的功能，用户不仅查看了最近的会话，还可以通过弹幕的方式来查看未读消息。其原理是给产品中某部分分配更多的任务并将其与原来的任务合并在一起。类似的有在会话页面中直接编辑表格内容，不用再跳转到相应的表格编辑页面。又如把会话背景变为共享地图，在聊天同时实时显示好友位置，这些都是任务统筹的创新策略。

专利申请号及名称：CN201910844221.X 一种消息处理方法、装置及终端设备、存储介质。

11. 根据用户特征群发个性化信息

随着互联网技术的不断进步，大量的即时通信工具不断涌现出来，极大地方便了人们的日常交流。群发消息就是这些工具中的一个重要功能，使用该功能使得发送者只需要编辑一次消息，即可将相同的信息发送给多个接收者，省去了烦琐的操作流程，提高了发送消息的效率。但是，每次群发消息接收方收到的内容都是一样的，所以在信息传递方面存在局限性。例如，过年的时候我们经常会收到朋友群发的新年祝福，因为不带任何称呼，所以我们可能会置之不理。

基于此，针对现有群发消息传达信息量有限的问题，这件专利提出了一种消息发送方法。可以把群发内容根据接收人不同的特征转化为针对性的消息，从而使不同的人收到不同的消息。例如，用户 A 要对 B、C、D 群发消息“祝你新年快乐”。在 A 与 B 的历史聊天过程中，A 对 B 常用的称呼为“爸爸”，且 A 习惯在聊天内容后面增加爱心表情，则发送给 B 的个性化消息为“爸爸，祝您新年快乐”并加上爱心表情。在 A 与 C 的历史聊天过程中，A 对 C 经常称呼“亲爱的”，则发送的个性化消息为“祝亲爱的新年快乐、开心”。A 的通讯录中对 D 的备注名为“张总”，则发送的消息为“张总，祝你新年快乐”，可见该方法通过对消息进行个性化处理，能够达到“千人千面”的效果。具体发明内容如下：

- 接收发送方发送的群发请求，群发请求携带消息内容以及各接收方标识；
- 基于消息内容以及各接收方标识对应的个性化信息内容，确定各接收方标识分别对应的个性化消息；
- 分别向各接收方标识对应的接收方发送对应的个性化消息。

这件专利在变更消息中提到的方法有：替换或增加称呼（聊天记录中的称呼

或备注），改变人称词（你、您），使用常用语句模式（结尾带语气词或表情），更新分词（快乐更新为开心或合并展示开心）。这些方法都是基于已经设定好的模式进行改变的，随着人工智能的不断发展，未来可能还会出现更多基于自然语言处理技术的方法来转变消息。例如，利用自然语言生成技术生成更加自然、流畅的语句，根据历史对话自动调整语气和情感色彩等。

12．点击消息中的时间，一键创建计划任务

在使用即时通信工具进行日常聊天或工作沟通过程中，经常会遇到一些需要后续处理的事情。例如，领导在即时通信工具中@所有人“明天上午 10 点开会”，或是朋友约你打球时约定“下午 3 点集合吧”。对于这些消息我们需要创建计划任务提醒自己，防止忘记这些重要的事情。在相关技术中，用户创建计划任务流程烦琐。首先用户需要自行识别并判断需要创建计划任务的消息，然后长按消息气泡，在弹出的菜单中选择对应的操作。可见操作烦琐，需要消耗大量时间，影响计划任务的创建效率。

针对上述问题，这件专利提供了一种计划任务创建方法。当聊天页面中的消息包含时间信息，且该时间信息晚于当前时间时，则在该时间信息下方显示下画线，用于展示触发创建计划任务入口，这样用户通过该下画线可快速确定需要创建对应的计划任务的消息，同时用户可通过该计划任务入口快速创建计划任务。

这样可以对需要创建计划任务的消息进行直接提示，不需要用户对消息进行判断，极大地节省了用户决策时间与操作步骤，从而提高了创建任务的效率。具体发明内容如下：

- 展示即时社交通信界面，界面中包含至少一条通信消息；
- 响应消息中包含的时间信息，且该时间信息与当前时间之间满足指定条件，该消息展示任务创建入口；
- 响应接收到对该任务创建入口的触发操作，创建该消息对应的计划任务。

这是基于文本信息特征属性的一个解决方案，时间信息在文本信息中十分重要。这件专利还体现了交互创新中的一个方法：提前展示信息。在一个任务开始之前，想想所操作的事物的什么内容是可以提前展示出来并暗示用户的。例如，微信聊天页面自动显示最近的一张截图；QQ 中输入“生日快乐”会在输入框上推荐相关表情；哔哩哔哩在视频进度条上显示弹幕数据图反映视频热点。提前展示相关信息是一种为用户提供心理辅助的手段，有助于用户快速自如地应对日益

复杂的应用。

专利申请号及名称：CN202010479716.X 计划任务创建方法、装置、计算机设备及存储介质。

13．用接听系统电话的方式接听网络电话

随着互联网的发展，用户对网络电话的依赖程度越来越高。网络电话就是指通过即时通信应用所进行的音频通话或者视频通话，它的通信原理是呼叫方向服务器发送通话请求，然后服务器将请求发送给接收方。网络电话的通知往往采用推送（Push）通知的方式，通信应用未启动时，先在界面上展示通知横幅，只有应用启动后才能接听网络电话。这导致我们很容易漏接网络电话。同时网络电话在接听过程中会被系统电话打断，因为系统电话的优先级要高于网络电话。系统电话是指通过移动、联通或者电信等通信网络所接入或者呼出的电话。

针对上述问题，这件专利发明了一种网络电话处理方法，即将网络电话与系统电话进行了整合，可以理解为将网络电话模拟成了系统电话。该方法可使网络电话与系统电话具有相同的优先级，从而达到在进行网络通话时，有系统电话呼入，并不会直接切断当前的网络电话，而是由用户来决定是结束当前网络电话转而接听系统电话，还是拒绝系统电话。同时该方法使网络电话的来电通知方式与系统电话的相同，当有网络电话呼入时只需要滑动屏幕上的接听按钮即可接听，从而有效避免漏接网络电话。具体发明内容如下：

- 接收服务器发送的网络电话呼叫请求，并对网络电话呼叫请求进行封装；
- 通过电话工具包框架模块将来电封装包传递给终端中的操作系统模块；
- 将来电封装包传递给终端中的操作系统模块；
- 在终端的展示界面上以系统电话的展示形式展示所述网络电话。

这件专利只适用于苹果手机，因为它是基于苹果公司开发的网络电话工具包框架实现的，实际应用效果可在企业微信中进行体验：当有用户通过企业微信给我们发送语音通话时，我们看到的就是系统来电而不是一个推送通知。

专利申请号及名称：CN201710288887.2 一种网络电话处理的方法及终端。

14．重复消息合并展示

在使用即时通信工具的过程中，我们经常会遇到多个用户发送相同消息的情

况。虽然把相同的内容进行重复发送，有利于烘托某种氛围，例如，在一个 500 人的文章写作营中，老师为了提升大家的积极性发送了“跟上节奏，不掉队”的消息，然后有很多人都开始对上述消息进行重复发送，这样会使得聊天页面被相同的消息占据，后续老师又在群里发送了许多关于写作技巧的消息。当后来的用户查看聊天记录时，需要翻看大量重复的消息，才能查看到后面关于写作技巧的重要消息。针对这种场景，我们可以发现大量无用消息的存在会对用户体验造成一定的困扰。

针对上述场景，这件专利提供了一种消息处理方法，如果检测到群聊中发送的消息是重复的，则记录重复的消息数量，并在重复的消息数量达到预定数量时，将重复的消息进行合并展示。例如，当重复数量达到 3 条时，则在第一条消息的下方显示所有发送该消息的用户头像，同时提示“点击合并区域可展开消息”。将重复的消息合并展示，能够在不影响用户查看消息记录的前提下，避免大量重复消息刷屏对用户造成影响，进而提升用户使用即时通信工具的效率。具体发明内容如下：

- 检测在即时通信群组中发送的即时通信消息是否重复；
- 若检测到在即时通信群组中发送的即时通信消息重复，则记录重复的即时通信消息的数量；
- 若重复的即时通信消息的数量达到预定数量，则将重复的即时通信消息进行合并展示。

将重复的内容进行合并，是为了化解信息数量与质量的矛盾。通过合并重复内容，减少消息数量，使得聊天记录更加清晰，提升了信息的可读性。这个创意从另一方面可以理解为，用固定的内容代替随时间变化的内容，用静态的内容代替动态的内容，把复杂的事物简单化，用“更少”代替“更多”。类似的合并案例我们生活中还有很多，例如，合并邮箱中相同主题的邮件；合并计算机桌面中相同格式的文件；合并手机相册中相同人物的照片；后厨菜品制作时，会合并不同订单中相同的菜品。合并是对事物的一种常见处理方式，而如何发现我们身边可合并的事物，提升自己对容易被忽视的事物的觉察力，是这件专利给我们最大的启发。

专利申请号及名称：CN201810475305.6 即时通讯消息的处理方法、装置、可读介质及电子设备。

15. 将通话双方声音录制在不同声道

随着互联网技术的发展，网络电话应用范围越来越广。企业通过网络电话为用户提供服务是一个非常普遍的应用场景，这些服务包括客户服务、售货服务、售前服务以及销售服务等。为提升企业的服务质量，企业需要对客服的通话内容进行评估或监控，例如，检查客服在与客户的沟通中，有没有使用带有攻击性或侮辱性的词语。所以我们在与客服通话前经常会听到“为保障您的权益，本次通话将被录音”的提示。然而传统的录音方式会同时录下客服与客户的声音，即双方的声音在单轨上交替出现。当需要对服务质量进行监控时，需要从整段对话中定位客服的语音内容。

为解决上述问题，这件专利提供了一种语音数据处理方法：基于双声道的原理，将客服的语音数据和客户的语音数据分别录制在左右不同的声道中，实现语音数据的双轨存档。例如，将客服的声音录制在左声道中，客户的声音录制在右声道中。由于对话双方声音是分开的，当需要对客服的服务质量进行评估时，只需要单独对左声道的声音进行分析即可，若需要将客服语音转换成文本，只需要单独对左声道进行语音转换即可，从而降低了服务质量监控的成本。具体发明内容如下：

- 通过即时通信平台触发网络通话；
- 若网络通话的参与者包括存档方，则调用存档方的声音采集设备对存档方通话内容进行采集得到第一语音数据；
- 获取网络通话的非存档方的第二语音数据；
- 将第一语音数据和第二语音数据录制在不同的声道，得到录音文件。

将一条录音不同的声源进行拆分，再将拆分后的部分与声音所具有的左右声道属性进行重组，从而实现不同声音与不同声道的完美匹配，从而避免了多个声源互相干扰。一提到左右声道我们往往想到的是立体声，而这件专利打破了我们对左右声道的常规用法，在语音的处理方向上为我们提供了新的思路。

专利申请号及名称：CN202110209612.1 语音数据处理方法、装置、计算机设备和存储介质。

16. 用颜色或表情来显示语音消息情绪

在即时通信应用中，语音消息已经成为一种日常交流的主要形式。语音消息相较于文字的消息类型，能更直观地传递语气和情绪，同时也能更方便、快捷地发送。目前，当用户在会话界面中看到语音消息时，可以马上获知语音消息的时长，但只有通过播放语音才可以获知对方所表达的情绪，并不能在播放前通过视觉的观察获知。

为解决上述问题，这个发明创造提供了一种消息显示方法，该方法可根据语音消息的语义和音调确定情绪，再将情绪映射到颜色和表情上，从而渲染出带有不同颜色和表情图标的语音消息气泡。这样，即使用户不播放语音消息，也能通过颜色或表情的情绪指示，快速了解对方表达的情绪。该方法还可以帮助用户快速定位关键语音消息，提高信息查找效率。具体发明内容如下：

- 终端在收到语音消息时，获取语音消息的特征信息，例如，对语音消息的语义和音调进行识别；
- 终端根据特征信息确定与语音消息匹配的第一情绪信息，例如，语音消息“下午找你去喝咖啡哈～”的情绪偏向于愉悦；
- 终端获取第一情绪信息对应的情绪指示标识，并根据情绪指示标识，在即时通信应用的会话界面中显示语音消息的会话气泡，例如，“愉悦”情绪对应的颜色和表情分别为黄色和大笑表情。

我们往往会把颜色与情绪对应起来，例如红色代表愤怒、蓝色代表冷静、黄色代表开心，这个发明创造就建立在这个心理模型上，使消息气泡与情绪建立了自然的匹配关系，从而减轻了用户的认知负担，增强了用户的感知能力。这体现了一个重要的创新方法：把看不见的属性显示出来。提到语音消息我们首先想到的是和声音相关的属性，如噪声、音量、音色、播放时长等，而情绪是非常容易被忽视的，通过 AI 识别语音，从而匹配色彩模型进行表达，体现了这件专利的创新性。

专利申请号及名称：CN201911364594.3 一种消息显示方法、装置、终端及计算机可读存储介质。

17．基于数据结构的消息引用

在即时通信应用中，我们常常引用别人的消息进行回复。因为引用的消息会很明显地与回复的消息联系在一起，可以使回复的消息更加有针对性，还可以帮助他人快速回顾之前的对话内容，从而更好地理解和回应当前的消息。

某些现有技术在引用消息时，通过将引用的文字显示在输入框中，然后通过“-”符号连续重复进行分隔，以标识引用部分和正文部分。该方案在原消息内容

（引用部分）比较长时，不能很直观地区分出引用部分和正文部分内容。并且，现有技术对原消息内容类型的支持比较单一，一般只能支持对纯文本消息的引用，并不支持对图片、文件等其他消息类型的引用。还有，因为现有技术是将引用原文直接拼接在回复的正文前面，当引用的消息被再次引用后会形成嵌套关系，这将给消息查找和阅读造成不便。

基于上述问题，这件专利提出了一种有效的消息处理技术方案。该方案能够解决在即时通信过程中，引用消息被再次引用不能有效区分引用部分和正文部分的问题；能够解决用户需要频繁滚动历史消息列表，来找到被引用消息位置的烦琐问题。具体发明内容如下：

- 获取目标消息对应的引用指令，例如长按消息气泡，触发消息引用功能；
- 根据引用指令，将目标消息显示在与编辑框对应的区域，例如把引用消息显示在输入框上方，如图 7.2 所示；

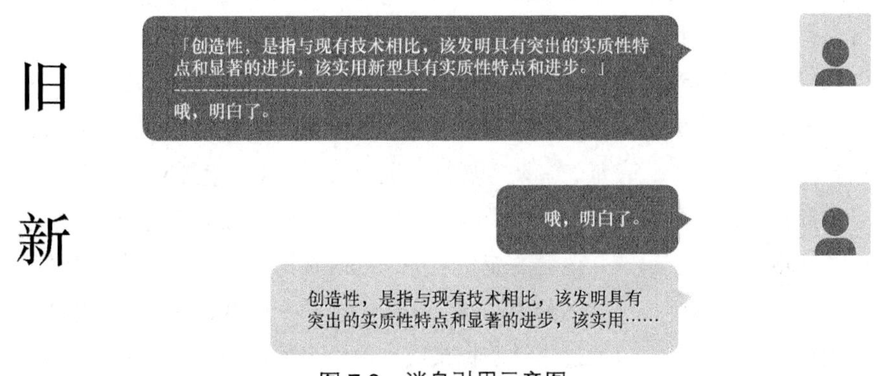

图 7.2　消息引用示意图

- 在检测到编辑框中正文消息的发出指令时，对目标消息的数据结构进行扩展得到引用消息，例如，记录对应目标消息位置的属性信息；
- 发送引用消息和对应的正文消息，使引用消息和正文消息被转发并显示、输出。

这件专利提供的引用消息的方法是在数据层面上进行处理的，而不是简单地复制消息内容并将其作为引用。因此，该方法支持对任何类型的消息进行引用，具体可以包括文字、图片、链接、文件等。通过对多种类型的消息的支持，极大地丰富了引用消息的使用场景。并且对引用消息的数据结构进行扩展，能够根据记录对应目标消息位置的属性信息，快速直接地跳转到目标消息的位置，从而使用户有效地查看上下文消息，知悉彼此沟通的对话场景。

专利申请号及名称：CN201810897719.8 一种即时通信消息处理方法、装置、设备及存储介质。

18. 用声纹图来显示语音消息进度

在即时通信软件中，语音消息是一种日常交流的主要形式。当我们收到一条语音消息时，你会发现它通常只有一个简单的声音图标（类似旋转 90°的 Wi-Fi 图标）和时长数字（如 30"），这就像猜谜游戏，我们不知道对方说话的语速、声音大小。当我们点击语音消息进行播放时，你会仔细聆听对方讲话的内容。但是，这个时候你什么都不能做，唯一的选择就是把语音消息听完或暂停，因为它只给你提供这种播放形式。在这种播放形式中你不知道播放进度，不能快进，不能跳过，重点内容没有听清楚只能从头到尾再听一遍。可见当前的语音消息在交互设计方面存在一些不足，主要体现在展示形式与操作方式过于单一上。

我们往往把声音想象成高低起伏的一种形态，就如同我们看到心电图一样，这是我们对声音理解的一种概念模型。这件专利提供了一种声音数据处理方法，根据音频数据的时长、音量、音调等属性，通过分析计算，生成具有长度范围、密度、数量、尺寸的声纹图。通过观察声纹图中横向时间轴上的高低变化，我们可以了解声音强度、语速、语调的变化趋势，同时在语音消息播放的过程中显示进度指示游标，游标把声纹图分为已播放和未播放两个区域，两个区域用不同的颜色进行区分。我们可以通过拖动游标快速确定语音播放进度，进一步地可以在游标上方实时显示语音消息对应的文字，方便用户快速定位到想要重点收听的位置上。这件专利通过增强可视性，提升了音频数据的展现形式，允许用户对播放进度进行控制，提高了用户对语音消息的使用体验。具体发明内容如下：

- 在即时通信应用中获取音频数据，并基于采样频率获取音频数据对应的采样音量数据；
- 根据音频数据与采样音量数据，生成音频数据对应的声纹图（见图 7.3），输出包含声纹图和音频数据的消息栏；
- 响应针对消息栏的目标触发操作，对音频数据进行音频进度控制，并基于音频进度描述声纹图进行显示控制。

图 7.3　音频数据对应的声纹图

通过把不可见的声音内容进行合理化的呈现，在语音播放之前通过视觉帮助用户提前了解语音消息的音量大小、信息集中位置等信息，增强对语音消息的理解，从而帮助用户确认自己的行为。当进行播放时，系统通过游标与声纹图的变化及时反馈播放进度，增加可控性。

专利申请号及名称：CN201910295763.6 一种基于即时通讯应用的数据处理方法和装置。

19. 可吹灭的专属生日表情

在群聊中我们经常会对某人发送表情，这些表情具有生日快乐、辛苦啦、谢谢等含义。但这些表情并不是某人的专属表情，发送给其他人一样适用。因此，这件专利发明了一种方法可增强表情与对象的相关性。

表情作为一种重要的信息传达方式，可以帮助语言传递更多的情感信息，来表达自己的意图和语境。随着互联网的发展，当用户在输入框中编辑内容时，系统会根据关键词与表情符号，推荐相关表情，方便用户使用。例如，同学群里的张三过生日，我们在输入框中输入“@张三，生日快乐”，系统则在输入框上方显示推荐的生日祝福相关的表情。然而，我们发送的内容中只有文字是与张三相关的，表情仅是为了丰富我们的情感，作为文字的附属元素发送的，如果只发送这个表情，就没有明确指出是谁过生日。

这件专利提供了一种基于会话的信息展示方法，当会话内容与会话对象的特殊日期相关联时，可发送属于对象的专属交互表情。专属交互表情相较于之前的方案，可提升表情的针对性，同时由于表情是可交互的，可更好地传递情感，提升接收方的注意力，增加接收方发送表情的意愿。具体发明内容如下：

- 终端接收到基于会话界面输入的会话内容，例如，在微信聊天中输入文字、表情；

- 当会话内容与至少一个目标会话对象的特殊日期相关联时，展示与目标会话对象的特殊日期相对应的交互表情，例如，输入“生日”文字、“生日蛋糕”表情时，展示与生日相关的交互表情；
- 响应针对交互表情的触发操作，发送交互表情至目标会话对象的终端，并在会话界面中展示交互表情中的表情元素，例如，张三收到生日蛋糕表情，然后对麦克风吹气后，系统播放蜡烛逐渐熄灭的动画，并呈现提示信息“张三吹灭了李四送的专属生日蛋糕的蜡烛”。

这件专利除生日祝福外还可以应用于其他场景，如庆祝群里某人获得了大奖，大家纷纷选择专属的互动表情礼花发给对方，获奖人员一进入会话页面发现，界面底部堆叠了厚厚的一层礼花表情，获奖人员可以通过晃动屏幕接收大家的祝福。通过上述方法，可以让大家的祝福堆叠到一起，更能烘托群内祝福的氛围。根据关键词推荐相关表情，是行业内比较常见的解决方案，而该发明专利的创造性在于将表情的适用范围由公共变为了特定，这属于发明专利类型中的选择性发明。

专利申请号及名称：CN202110063970.6 基于会话的信息展示方法与装置。

20. 不同来电用户手机的震动不同

在日常生活中我们常常把手机调整为震动模式，以便不打扰别人。但所有的提醒手机都会以相同的模式震动，我们无法通过震动得知是谁给我们打的电话或发送的消息，这件专利发明了一种提醒处理方法，通过震动就可以知道对方是谁。

手机进行消息提醒的方式有多种，分别对应了人的视觉、听觉、触觉。例如，从视觉上，我们可以通过屏幕查看提醒内容，通过闪光灯的闪烁得知提醒。从听觉上，我们可以为不同的人设置不同的来电铃声，甚至当有提醒时还可以进行语音播报。从触觉上，则是通过手机震动来进行提醒。通过查看屏幕或语音播报得知提醒会存在暴露隐私的风险，例如你正在和同事拿手机进行功能测试，突然女朋友发来消息“你这个月工资怎么少了 100 元”，这时你就会感到很尴尬。

我的手机一般情况下都处于震动模式。使用震动模式会有一些困扰，例如在午休的时候常常被手机震动打扰到，以为是非常重要的电话，结果拿起来一看是骚扰电话。由于所有的提醒都采用同样的震动，因此无法通过震动来识别提醒内容。为了解决以上问题，该发明专利提供了一种在提醒时基于不同的分组反馈不同震动效果的解决方案，例如家人的提醒是短促快节奏的震动，领导的提醒是剧烈且持续的震动。该方法通过不同的震动既可达到有效的提醒，还有利于减少隐私暴露的风险。具体发明内容如下：

- 根据目标对象的通信请求，检测到关于目标通信账号的提醒触发事件，获取目标通信账号的分组信息，例如，张三给我打电话，他在我的通讯录分组中属于领导角色；
- 获取与分组信息关联的震动编码信息，并从震动编码信息中获取所属账号类型的编码信息段，以及目标分组组别的编码信息段，例如，张三所在的分组为好友-领导，对应的震动信息为频率 300Hz、强度 90、持续时长 200ms；
- 按照所属账号类型的编码信息段，以及目标分组组别的编码信息段，输出关于目标通信账号的震动提醒，例如，张三在我的好友分组中是领导角色，其来电则是剧烈且持续的震动，李四的分组是家人，其来电则是短促快节奏的震动。

反馈的主要目的是告诉用户想知道的事情，而在这件专利中，用户想通过震动信息知道发消息的是谁。震动有 3 个属性，分别是震动强度、震动频率和震动时长，这件专利让这些属性与好友分组或亲密关系建立了关联，通过丰富反馈效果来传达更多信息。这个发明创造有一定的局限性，震动与账号之间的匹配关系是需要用户进行记忆的，所以在实际使用时不能设置过多的震动规则。有个类似的创意：播放不同的音乐手机反馈不同的震动效果，可在手机 QQ 音乐中开启“4D 震动”进行体验。

专利申请号及名称：CN202210864635.0 提醒处理方法、装置、计算机设备及存储介质。

21. 分享文章显示目录

随着互联网的发展，我们可以在社交网站等平台方便地接收和分享信息，但往往分享后的信息呈现方式单一，例如分享的公众号文章都是以“标题+内容摘要”的形式呈现的。这件专利发明了一种分享方法，可以在分享后展示更多的信息，提高分享传播率。

作为一个内容创作者，为了提升内容的传播率，会仔细推敲标题，因为标题是给人的第一印象。同时为了让读者有更好的阅读体验，还需要对文章节奏进行把控，往往会对文章内容进行组织划分，然后用二级标题突出重点内容，以增加文章的可读性，使读者更容易理解文章内容或快速查找自己感兴趣的部分。当文章发布后内容创作者一般会分享到朋友圈增加文章的曝光量。

但在目前分享方法中，对被分享者呈现的内容只有标题与内容摘要，展示的内容较少，而构成文章目录的一级标题和二级标题只有点开文章之后才能被看到。这件专利提供的方案可以实现在分享文章后呈现文章的一级标题与二级标题，用户直接点击二级标题即可定位到其在文章中的位置。展示二级标题有助于用户提前理解文章内容，吸引更多用户阅读，提升传播效果。该方法是通过识别分享信息的格式，然后与对应的模板进行匹配，从而达到展示更多的分享内容的目的的，具体发明内容如下：

- 基于分享请求获取对应的分享信息，例如，确定要分享的内容是文章、视频、音乐、图片等中的哪种信息；
- 当分享信息的格式与预设分享模板的格式相匹配时，将分享信息按照预设分享模板的格式进行拆分，得到子分享信息，例如，分享文章时，得到文章一级标题、二级标题、摘要等模板化的内容；
- 生成子分享信息对应的标签，将分享信息和子分享信息对应的标签发送给被分享终端，例如，将公众号文章分享给好友后，显示内容为文章一级标题与二级标题，点击二级标题可以直接跳转到文章对应的位置。

分享文章显示目录，体现了交互设计中的一种设计方法：前馈。前馈是指通过提前展示数据，让用户通过观察及时了解当前的状态和接下来可能的行为，从而引导用户快速决策，它对提高用户体验和使用效率有很大的帮助。在我们的生活中还有很多前馈的案例，例如 Chrome 浏览器图标会在下载内容时显示下载进度，在搜索框下方显示历史搜索记录，在购物页面显示刚刚下单的用户，在 Excel 中单击字号下拉列表框并滑动鼠标滚轮时表格中的字号会改变大小。

专利申请号及名称：CN202010009765.7 信息分享方法以及装置。

22．如无人声，主动降低麦克风音量

在多人视频会议的时候，一个人正在发言，而另一个人的麦克风发出一些莫名其妙的噪声，从而中断发言影响参会体验，这时我们会想让对方关闭麦克风。这件专利就提供了一种通话音频处理方法，来自动降低麦克风音量。

语音通话就像是一场音乐会，各方的终端就像是各自的乐器，各路通话音频就像是各自的音乐，而混音模块就像是指挥官，它把所有的音乐编排成一首完整的乐曲，再由扬声器播放出来。但是在实际的通话中，由于每个参会人员所处环境的噪声不同，当某个参会人员突然播放噪声时会影响到混音效果，甚至导致别人说话被打断，就如同某个人在音乐会中因为错误的演奏而打断指挥官。当前的解决方案一般是通过选路进行混音，把一些音量低或噪声高的终端排除不做混音，例如基于音量大小进行排序，然后在进行选路后混音，这样的解决方案策略单一，且会导致噪声大的终端被选中，而人声小的终端一直无法被选中，从而导致通话质量较差。

针对以上问题，这件专利基于信噪比判断用户的活跃度，若用户的活跃度低则降低其麦克风音量。从而减小不活跃用户对其他活跃用户的影响，提升整体通话质量和效果。具体发明内容如下：

- 获取参与通话的通话成员终端各自所对应的通话音频，例如，在微信多人通话中，通过手机麦克风采集各个用户声音数据；
- 对各通话音频分别进行语音分析，确定与各通话成员终端对应的语音活跃度，例如，通过信噪比确定活跃度，即音频数据中的人声的信号强度比环境噪声的信号强度高，则该通话成员的语音活跃度高；
- 根据语音活跃度确定与各通话成员终端分别对应的语音调节参数，例如，某通话成员终端没有人声或人声发声概率低则代表语音活跃度低，此时为其配置低音量参数；
- 按照各通话成员终端分别对应的语音调节参数，对相应的通话音频进行调节得到调节音频，并基于各调节音频进行混音处理得到混合音频，例如，把没有人声的麦克风输入音量降低，最终得到一个没有噪声的合成音频。

这件专利可以简单理解为语音通话时，若没有人声则主动降低对方麦克风的输入音量。这体现了我们前面提到的“函数法”创新策略，使信噪比与麦克风音量两个变量进行关联，信噪比高则麦克风音量大。根据外部环境使系统做出主动式服务，是创新方法里面非常有效且常见的一种方法，这些内容往往体现在“自动”二字上，如自动调节屏幕亮度、自动雨刷、自动灯光等。

专利申请号及名称：CN202010168875.8 通话音频混音处理方法、装置、存储介质和计算机设备。

23．根据特征二次压缩图片

随着手机摄像头性能的提升，我们拍摄的图片的尺寸越来越大。当我们把这些漂亮的图片分享给好友时，对方如何使用更少的网络宽带资源下载图片呢？这件专利发明了一种图片的压缩方法，减少了图片下载过程中占用的网络宽带资源。

通过图片进行信息分享是一种重要的信息分享方式。图片分享的传统的方式是这样的：客户端把图片扔给服务器，服务器就像一个仓库，需要图片的客户可以从仓库中把图片拿出来，但当图片很大的时候，下载就需要更多的网络宽带资源。为了解决这个问题，在客户端与服务器端进行图片传输的时候会对图片进行压缩处理，从而获得更小体积的图片，提高图片分享的速度。例如在微信中若对方发送的是原始图像，我们查看的图片其实是被压缩过的，需要通过点击“查看原图”来查看原始图像。

当前的图片压缩方案采用的是同一种规则，例如无论图片大小使用的都是统一的压缩率，然而由于图片的尺寸、分辨率，以及图片被分享的社交环境不同，有些图片在保证图片质量可用的情况下还可以进一步压缩。这件专利提供的方法就是在图片被压缩后获取图片特征信息，当满足一定条件后进行第二次压缩，从而使图片体积更小，用户的下载速度更快。具体发明内容如下：

- 接收经过第一压缩方式压缩的图片，例如，分享图片到朋友圈，服务器会接收到在上传过程中经过压缩的图片；
- 获取图片的特征信息，例如尺寸、分辨率、体积、分享到的群属性（群聊活跃度）、分享时间等；
- 当特征信息满足压缩触发条件时，采用第二压缩方式压缩图片，得到压缩图片；第二压缩方式的压缩率高于第一压缩方式的压缩率，例如，基于图片尺寸维度设置触发条件或根据群聊活跃度设置触发条件；
- 接收对于图片的下载请求；
- 响应图片下载请求，反馈压缩图片。

就像所有的游戏都有规则一样，每个交互的核心都是一组规则，这件专利创新的出发点就是把一条规则复制成逐渐增强的两条规则，即图片被压缩后可再压缩一次，且第二次压缩比第一次压缩的效率更高。有一个类似的创意：在删除文字时，若一直按删除键，删除速度会逐渐加快，或由每次删除一个字变成每次删除一个词语。这种规则逐渐增强的方法有助于增强结果、加速流程，从而提高用户体验，使得操作变得更加顺畅和便捷。数字化有一个很强的能力，就是可以根据不同情况对配置规则进行实时调整。不仅是压缩图片，甚至连汽车的空气悬挂强度，都可以根据路面进行实时调整。

专利申请号及名称：CN201810283526.3 图片分享方法、装置、计算机设备和存储介质。

24. 根据分贝大小自动把语音消息转换成文字

在社交软件中，用户可以通过发送语音或文本格式的消息进行沟通。为了满足不同的场景需求，语音与文本格式的消息可以进行互相转化。例如在微信中，当不方便收听语音消息时可以点击消息气泡后面的“转文字”，把语音消息转换成文本信息进行阅读。对于视力不好的老年用户，可在微信关怀模式中开启听文字功能，点击文本消息即可让手机播放消息内容。然而，虽然系统已经提供了消息转换功能，但依然需要用户自行判断什么时候需要转换消息格式。例如当我们在公交、地铁、商场等声音嘈杂的场景中时，因为周围噪声很大，所以此时不方便收听语音消息，我们会手动将语音消息转换成文字消息再进行阅读，而当语音消息很多时，则需要一条条转换，这使得操作不便。

如何减少用户的脑力活动，不再让用户基于理性的判断进行选择成为解决问题的目标，而让终端设备代替人脑进行决策是最优的解决方向。这个发明创造就是通过终端设备识别周围环境后自动为用户转换消息格式，具体发明内容如下：

- 终端接收到一种格式的会话消息，例如，手机接收到语音格式的会话消息；
- 确定当前终端对应的操作场景，例如，通过手机麦克风获取当前环境的音频，当音频响度为 60 ~ 70dB 时对应公交、地铁等场景，通过 GPS 定位当前地点为图书馆，通过系统时间，确定当前为午休时间；
- 当会话消息格式与操作场景不适配时，将会话消息格式进行转换，例如，当当前环境为嘈杂的地铁或公交场景时，接收到的语音消息自动转换为文字消息。

这件专利一方面体现了系统的主动式服务。当手机传感器接收到的信息满足一定条件时，系统自动触发消息转换功能，用户无须介入，即可方便地阅读或收听消息内容。类似的生活场景有伸手水龙头自动出水，手机亮度自动调节，Wi-Fi 环境下自动下载数据等。

另一方面体现了属性依存策略（即“函数法”）。通过让声音属性中的响度与语音消息格式相关联，当声音响度达到一定大小后消息格式也随之改变。通过“函数法”对语音消息进行发明的创意还有很多，例如，当语音播放次数大于两次时放慢播放速度；当语音播放时长大于 30s 时显示进度条；当语音中的语义与汽车相关时消息气泡显示为汽车样式。

专利申请号及名称：CN202011158288.7 会话消息的处理方法、装置、电子设备及存储介质。

25．一键查询消息中的航班信息

在使用微信等即时通信软件时，我们经常会对一段消息中的某些关键信息进行查询，例如，收到家人出差告知你行程时发送的消息“我明天晚上回家，航班号为 CZ888”，我们则需要通过航班服务应用（如飞常准），搜索航班号查询航班动态。又如，突然收到朋友发送的消息“×××，我给你邮寄了一箱老家的特产，快递单号为 SF666666666”，我们则需要通过快递服务应用（如微快递），搜索快递单号查询物流信息。在现有技术中可在会话界面选择要查询的内容直接搜索，例如，在微信中长按消息气泡，在弹出的菜单中选择“搜索”，会进入搜索界面，查询结束后再返回聊天窗口。现有技术通过集成不同行业的服务，可在应用内部完成信息查询任务。

但当要查询多个信息时，需要频繁切换页面进行重复的操作，影响查询效率。这个发明创造就是在文本识别的基础上，在聊天界面的上层显示查询结果，从而使得查询过程在同一界面中完成，提升了查询效率及便捷性。具体发明内容如下：

- 在目标界面上显示文本信息，例如，在会话界面中显示消息“亲爱的，我的航班号是 CZ888”；
- 响应目标界面上的触发操作识别文本信息中的目标信息，例如，长按“CZ888”识别该文本为航班号，且打开对应的“航班查询”小程序；

- 基于目标标识对目标数据进行查询，以得到描述信息，例如，在会话界面中半屏显示查询结果，如航班状态、起降时间、飞行路线等内容。

基于对文本语义的解析识别其中带有特征信息（如航班号、手机号码、身份证号、车牌号、高铁号等）的内容，并针对这些特征信息直接完成操作，缩短了操作流程。有一个非常相似的发明创造，就是识别消息中的时间信息，直接创建任务。语义识别是发明创新中非常重要的一种技术手段，可以简单理解为“分词”，使用语义识别一方面可以提升精准度，例如快速识别航班号、手机号码等，另一方面可以消除人为操作错误。

专利申请号及名称：CN202010448661.6 一种信息查询方法的方法以及相关装置。

26. 选择聊天消息直接生成截图

用户在使用微信、QQ 等即时通信软件时，有把聊天内容截图并分享给他人的诉求。由于手机自带的截图功能往往是把整个屏幕内容截取下来，当聊天内容很长时，需要进行多次截图，再使用第三方软件对截图进行拼接。同时在分享前出于对隐私的保护，用户还会在第三方软件中对截图进行编辑，通过裁切、涂鸦等方式遮挡隐私信息。

由此可见，以上操作需要在多个应用中完成，且操作步骤烦琐。为了提升操作便利性，增加截图效率，这个发明创造提供了一种通过选择聊天消息直接生成截图的方法，具体发明内容如下：

- 终端设备通过即时通信应用获取消息选择指令，例如，在消息气泡上长按以触发选择指令；
- 根据消息选择指令从会话消息集合中获取 N 个会话消息，例如，从会话列表中勾选待转发的消息；
- 根据 N 个会话消息生成待分享截图，例如，把选择的会话消息渲染成图片，甚至可以隐藏聊天人的头像、昵称等重要信息，避免隐私泄露，引起麻烦。

在选择聊天消息直接生成截图时，我们可以把一条消息想象成一个长方形积木，聊天消息是由许多的积木堆叠而成的高楼。用户可以选择将其中多个积木重组后渲染成图片，而不是对这个高楼进行局部拍照再拼接照片。把外部功能转到系统内部实现，减少了操作流程，提高了截图效率。类似的功能转换有将聊天消息转换成待办。分享长图一般多用于对原始内容的呈现，例如，知识星球分享文章，百度地图公交路线截图、公众号截图后触发“保存整页为图片”。但该截图方法根据用户诉求提供了更加灵活便捷的操作，截图前可由用户选择所呈现的内容，截图后一键打码，体现了该方法的新颖性。

该案例可在 QQ 中进行体验，聊天消息除了直接转换为图片外，还有专利中提到将聊天消息转换为 Word 文档或存储到云文档中。

专利申请号及名称：CN201910697038.1 一种截图生成的方法以及相关装置。